U0301160

建设工程工程量清单计价
编制与实例详解系列

电气工程

崔玉辉　主编

中国计划出版社

图书在版编目（CIP）数据

电气工程/崔玉辉主编. —北京：中国计划出版社，
2015.1
（建设工程工程量清单计价编制与实例详解系列）
ISBN 978-7-5182-0060-3

Ⅰ.①电… Ⅱ.①崔… Ⅲ.①电气设备－建筑安装－工程
造价 Ⅳ.①TU723.3

中国版本图书馆CIP数据核字（2014）第225426号

建设工程工程量清单计价编制与实例详解系列
电气工程
崔玉辉 主编

中国计划出版社出版
网址：www.jhpress.com
地址：北京市西城区木樨地北里甲11号国宏大厦C座3层
邮政编码：100038 电话：（010）63906433（发行部）
新华书店北京发行所发行
三河富华印刷包装有限公司印刷

787mm×1092mm 1/16 16.25印张 399千字
2015年1月第1版 2015年1月第1次印刷
印数 1—4000册

ISBN 978-7-5182-0060-3
定价：38.00元

编 写 人 员

主　编　崔玉辉

参　编　（按姓氏笔画排序）

王　帅　王　营　左丹丹　刘　洋

刘美玲　孙　莹　孙德弟　曲秀明

张红金　郭　闯　蒋传龙　褚丽丽

前　言

随着建筑智能化的迅速发展，电气工程的地位和作用越来越重要，直接关系到整个建筑工程的质量、工期、投资和预期效果。而工程造价贯穿于整个电气安装工程，能否编制出完整、严谨的工程量清单，将直接影响到招投标的质量；工程量清单计价是施工单位进行施工、控制施工成本的依据；竣工结算价的编制是确定工程最终造价、核算和考核工程成本的依据。因此，电气设备安装工程工程量清单计价编制有着举足轻重的作用，不容忽视。

为了更加深入地推行工程量清单计价，规范建设工程发承包双方的计量和计价行为，适应日益发展的新技术、新工艺、新材料的需要，进一步健全我国统一的建设工程计价、计量规范标准体系，2013年住房城乡建设部颁布了《建设工程工程量清单计价规范》GB 50500—2013和《通用安装工程工程量计算规范》GB 50856—2013等9本计量规范。基于上述原因，我们组织一批多年从事建筑电气设备安装工程造价编制工作的专家、学者编写了本书。

本书共四章，主要内容包括：电气工程清单计价基础、建筑安装工程费用构成与计算、电气工程工程量计算及清单编制实例、电气工程工程量清单及计价编制实例。

本书内容由浅入深，紧密联系电气工程实际，可操作性强，方便查阅，可供建筑电气设备安装工程造价编制与管理人员使用，也可供高等院校相关专业师生学习时参考。

由于编者学识和经验有限，虽经编者尽心尽力，但仍难免存在疏漏或不妥之处，望广大读者批评指正。

编　者

2014年7月

目 录

1 电气工程清单计价基础

1.1 建筑电气安装工程概述

建筑电气安装工程主要具有输送和分配电能（通过变配电系统实现）、应用电能（通过照明及动力系统实现）和传递信息（通过弱电系统，如电话、电视系统等实现）的功能，以此来实现为广大用户提供舒适、便利、安全的建筑环境。对于电能的应用主要是交流电即工频强电，而信息传递主要是应用高频弱电或直流电。

1.1.1 建筑电气工程的分类与组成

1. 建筑电气安装工程的分类

建筑电气安装工程根据划分的方式不同，可以有不同的分类方式。下面介绍两种常用的分类方式：

(1) 按电压高低划分

根据建筑电气工程的电压的高低，人们习惯把它分为强电工程（即电力工程）和弱电工程（即信息工程）两种。所谓强电就是电力、动力、照明等用的电能；所谓弱电则是指传播信号、进行信息交换的电能。由此便有了关于强电系统和弱电系统的提法。

1）强电系统：该系统可以把电能引入到建筑物中，经用电设备转换成热能、光能和机械能等。常见的有变配电系统、动力系统、照明系统及防雷系统等。强电系统的特点是电压高、电流大、功率大。

2）弱电系统：该系统是完成建筑物内部及内部与外部之间的信息传递与交换工作。常见的有通信系统、共享天线与有线电视接收系统、火灾自动报警与消防联动系统、安全防范系统、公共广播系统等。弱电系统的特点是电压低、电流小、功率小。

(2) 按功能划分

按照建筑电气工程的功能可划分为供配电系统、建筑动力系统、建筑电气照明系统、建筑弱电系统和防雷减灾系统五大系统。

1）供配电系统：是指接受电网输入的电能，并进行检测、计量、变压等，然后向用户和用电设备分配电能的系统。由变配电所、高低压线路、各种开关柜、配电箱等组成。

2）建筑动力系统：是指以电动机为动力的设备、装置及其启动器、控制柜（箱）和配电线路安装的系统。

3）建筑电气照明系统：是可以将电能转换为光能的电光源进行采光，以保证人们在建筑物内正常从事生产和生活活动，以及满足其他特殊需要的照明设施。由灯具、开关、插座及配电线路等组成。

4）建筑弱电系统：是指将电能转换为信号能，保证信号准确接收、传输和显示，以满足人们对各种信息的需要和保持相互联系的各种系统。由电视天线系统、数字通信系统和广播系统等组成。

5）防雷减灾系统：主要包括安全用电、防雷与接地、火灾自动报警与消防联动系统。

2. 建筑电气工程的组成

在建筑电气工程的组成中主要介绍最常见的电力系统及室内电气照明系统的组成。

(1) 电力系统的组成

电力系统是由各种电压等级的电力线路将发电厂、变电所和电力用户联系起来组成的一个集发电、输电、变电、配电和用电的整体，如图 1-1 所示。

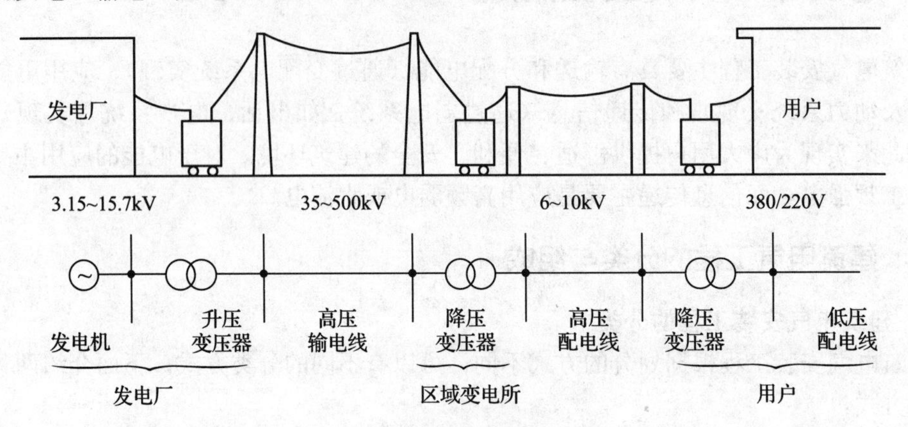

图 1-1　电力系统组成示意图

发电厂是把各种形式的能量转换成电能的工厂。目前，在我国多为水力发电厂和火力发电厂，核电站数量较少，国家正在加紧建设核电站来解决能源问题。

这里的变电所是指具有接受电能、改变电压并分配电能功能的场所，主要由电力变压器与开关设备等组成。根据具体功能有升压变电所、降压变电所和配电所之分。升压变电所是装有升压电力变压器的变电所；降压变电所是装有降压电力变压器的变电所；而对于只能接受电能，不改变电压，只进行电能分配的场所，我们称其为配电所。

电力线路是输送电能的通道。它由不同电压等级和不同类型的线路构成，有架空线路和电缆线路之分。

(2) 室内电气照明系统的组成

室内电气照明系统是建筑电气工程中应用最为广泛的系统，其基本组成包括室外接户线、进户线、配电盘（箱）、干线、支线和用电设备等，如图 1-2 所示。

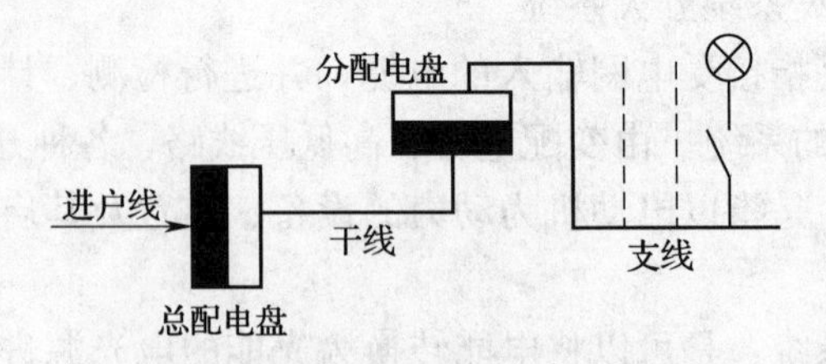

图 1-2　电气照明线路基本形式图

1）室外接户线：由室外架空供电线路的电线杆上或地下电缆接至建筑物外墙的支架间的一段线即为接户线。通常是三相四线（三火一零）。

2）进户线：从外墙至总配电盘（箱）的一段导线。

3）配电盘（箱）：用来接受和分配电能，记录切断电路，并起过载保护作用。

4）干线：由总配电盘（箱）到分配电盘的线路。

5）支线：由分配电盘引出至各用电设备的线路，也称为回路。

6）用电设备：消耗电能的装置。

1.1.2　低压配电系统

1. 低压配电系统的组成

低压配电系统由配电装置（配电盘、配电箱）和配电线路两部分组成。

2. 低压配电系统的配电方式

低压配电系统的配电方式有放射式、树干式和混合式三种（表 1-1），如图 1-3 所示。

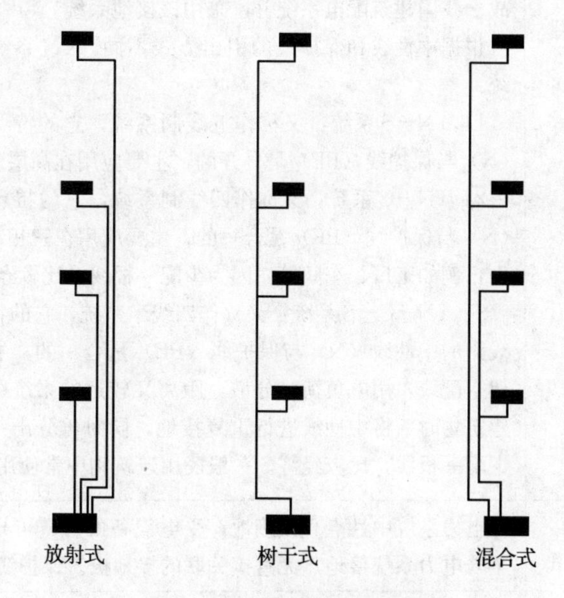

图 1-3　配电方式分类示意图

表 1-1　低压配电系统的配电方式

序号	配电方式	内　容
1	放射式	放射式的配电方式是各配电装置通过配电线路从总配电装置处成放射状配置。这种配电方式具有各负荷能够独立进行受电，发生故障时影响范围较小，仅限于本回路，不影响其他回路正常工作的特点。但整个回路中所需开关设备及导管、导线耗量较大。因此，放射式配电方式多用于对供电可靠性要求较高的系统。现在，很多住宅楼中的底层集中计量就是此种配电方式
2	树干式	树干式的配电方式是各配电装置分布在从总配电装置处送出的配电线路上，像树干一样配置。这种配电方式具有开关设备用量少、配电管材及导线用量也有较少的特点。但一旦干线发生故障将影响整个配电网络，影响范围大，供电可靠性较低。此种配电方式在高层建筑中应用较多
3	混合式	在很多情况下，往往在设计时将放射式和树干式结合起来配电，以充分发挥这两种配电方式的优点，我们称其为混合式配电

3. 低压配电系统的接地形式

低压配电系统的接地形式通常可分为TN系统、TT系统和IT系统三种，见表1-2。

表1-2 低压配电系统的接地形式

序号	形式	内容
1	TN系统	所谓TN系统是指电力系统中性点直接接地，受电设备的外露可导电部分（通常为金属外壳）通过保护线（PE）与接地点连接，引出中性线（N）和保护线（PE）。中性线（N）起到引出220V电压，用来接单相设备的作用；而保护线（PE）则是用来保护人身安全，防止发生触电事故。我国建筑配电系统普遍采用该接地系统。 根据中性线和保护线的引出方式不同，TN系统又可分为如下三种系统： 1）TN－S系统：又称作五线制系统，它的特点是整个系统的中性线（N）与保护线（PE）是分开的，主要应用在高层建筑或公共建筑中 2）TN－C系统：又称作四线制系统，它的特点是整个系统的中性线（N）与保护线（PE）是合一的，主要应用在三相动力设备比较多的系统中，例如工厂、车间等，因为少配一根线，比较经济 3）TN－C－S系统：又称作四线半系统，它的特点是系统中前一部分线路的中性线（N）与保护线（PE）是合一的，主要应用在配电线路为架空配线，用电负荷较分散，距离又较远的系统中。但要求线路在进入建筑物时，将中性线进行重复接地，同时再分出一根保护线，因为外线少配一根线，比较经济。一般民用建筑物中常使用此种接地方式
2	TT系统	电力系统中性点直接接地，受电设备的外露可导电部分通过保护线接至与电力系统接地点无直接关联的接地极。保护线可各自设置
3	IT系统	电力系统的带电部分与大地间无直接连接或有一点经足够大的阻抗接地，受电设备的外露可导电部分通过保护线接至接地极。此种接地多用于煤矿和工厂，可减少停电事故

1.1.3 常用电气设备与材料

1. 电气材料与设备的划分

正确划分设备与材料，有利于国家统计部门对建设项目各项费用的统计，分清建设单位与施工单位购置设备与材料的权限范围，确保招标工作中施工单位正确报价；同时关系到投资构成的合理划分、概预算的编制及施工产值的计算和利润等各项费用的计取。

《全国统一安装工程预算定额》GYD—202—2000“电气设备安装工程”中设备与材料的划分如下：

(1) 电气设备

各种变压器、互感器、调压器、感应移相器、电抗器、高压断路器、高压熔断器、稳压器、电源调整器、高压隔离开关、空气开关、电容器、蓄电池、磁力启动器及其按钮、电加热组件、交流报警器及成套配电箱（盘）、柜屏及其母线和支持瓷瓶均为设备；火灾报警控制器、火灾报警电源装置、紧急广播控制装置、火警通信装置、气体灭火控制装置、探测器、模块、手动报警按钮、消火栓报警按钮、电话、消防系统接线箱、重复显示器、报警装置、入侵探测器、入侵报警控制器、报警设备传输设备、出入口控制设备、安全检查设备、电视监控设备、终端显示设备等均为设备。

(2) 电气材料

各种电缆、电线、母线、管材、型钢、桥架、灯具及各种支架均为材料。P型开关、保险器、杆上避雷器、各种避雷针、绝缘子、金具、线夹、开关、插座、按钮、接线箱、接线盒、电铃、电扇、电线杆、铁塔等均为材料。

2. 常用电气材料

(1) 常用电气设备

所谓控制设备及低压电器是指电压在500V以下的各种控制设备、继电器及保护设备等，常用的有各种配电柜（屏）、控制台、控制箱、配电箱、控制开关等。这里面还有一个小电器的概念，主要包括按钮、照明开关、插座、电笛、电铃、水位电气信号装置、测量表计、屏上辅助设备、小型安全变压器等。详细介绍的电气设备见表1-3。

表1-3 常用的电气设备

序号	设备名称	详细介绍
1	配电箱	配电箱按照是否现场制作可以分为成套配电箱和非成套配电箱两种，其中成套配电箱为工厂加工制作完成，已安装各种开关、表计等设备；而非成套配电箱为现场制作完成，需要现场安装各种开关设备，进行盘柜配线。目前，绝大多数工程采用成套配电箱安装。 配电箱按照安装方式的不同又可分为落地式安装配电箱和悬挂嵌入式配电箱两种。落地式配电箱安装时需要先制作、安装槽钢或角钢基础。悬挂嵌入式配电箱多为墙上暗装。全国统一安装工程预算定额正是按照此种分类方式来划分子目
2	刀开关	刀开关有单极、双极、三极三种，每种又有单投和双投之分。根据闸刀的构造可分为胶盖刀开关和铁壳刀开关两种： 1. 胶盖刀开关： 常用型号有HKI、HK2型。主要特点是：容量小，常用的有15A、30A，最大为60A；没有灭弧能力，只用于不频繁操作，构造简单，价格低廉。 2. 铁壳刀开关： 常用型号有HH3、HH4、HH10、HH11等系列。主要特点是：有灭弧能力；有铁壳保护和连锁装置（即带电时不能开门），所以操作安全；有短路保护能力；只用于在不频繁操作的场合。常用型号为HH10系列，容量规格有10A、15A、20A、30A、60A、100A。HH11系列，容量规格有100A、200A、300A、400A等。铁壳刀开关容量选择一般为电动机额定电流的3倍
3	熔断器	用来防止电路和设备长期通过过载电流和短路电流，是有断路功能的保护组件。它由金属熔件（熔体、熔丝）、支持熔件的接触结构组成

续表 1-3

序号	设备名称	详 细 介 绍
4	低压 断路器	低压断路器是工程中应用最广泛的一种控制设备，又称自动开关或空气开关。即具有负荷分断能力，又具有短路保护、过载保护和失欠电压保护等功能，并且具有很好的灭弧能力。常用作配电箱中的总开关或分路开关。广泛应用于建筑照明和动力配电线路中。 常用的低压断路器有 DZ、DW 系列等，新型号有 C 系列、S 系列、K 系列等
5	漏电保护器 （又称漏电 保护开关）	漏电保护开关是为了防止人身误触电而造成人身触电事故的一种保护装置，除此之外，漏电保护开关还可以防止由于电路漏电而引起的电气火灾和电气设备损坏事故 （1）漏电开关的种类：凡称“保护器”、“漏电器”、“开关”者均带有自动脱扣器。按相数或极数划分有单相一线、单相两线、三相三线（用于三相电动机）、三相四线（动力与照明混合用电的干线）。 （2）漏电保护器的安装： 1）漏电保护器应安装在照明配电箱内。安装在电度表之后，熔断器（或胶盖刀闸）之前； 2）所有照明线路导线，包括中性线在内，均须通过漏电保护器，且中性线必须与地绝缘； 3）电源进线必须接在漏电保护器的正上方，即外壳上标有“电源”或“进线”端；出线均接在下方，即标有“负载”或“出线”端。倘若把进线、出线接反了，将会导致保护器动作后烧毁线圈或影响保护器的接通、分断能力

（2）常用导电材料

常用的导线材料主要有以下几种：

1）裸导线。裸导线即没有外包绝缘的导体。它可以分为圆线、绞线、软接线、型线等。常在室外架空线路中使用，这里简要介绍一下。

①圆单线。圆单线可单独使用，也可做成绞线。它是构成各种电线电缆线芯的单体材料。

用途：制造电线电缆，也可用于制造电机、电器等。

②裸绞线。裸绞线由多根圆线或型线绞合而成，广泛用于架空输电电路中，主要有以下品种：

a. 铝绞线和钢芯铝绞线。

用途：铝绞线由圆铝绞线绞制而成，它的力学性能比较低，用于一般架空配电线路中。钢芯铝绞线的内部为加强钢芯，它的力学性能高于铝绞线，广泛用于各种输配电线路中。

b. 铝合金绞线和钢芯铝合金绞线。

用途：铝合金绞线由铝合金圆线绞制而成，强度较大，可在一般输配电线路中应用。钢芯铝合金绞线的特点是强度较高，超载能力较大，常被用于重冰区大跨越输电线路中。

c. 软铜绞线。

用途：主要用于电气装置及电子电器设备或组件的引接线中，也被用来制作移动式接地线。

2）型线。有矩形、梯形及其他几何形状的导体，可以独立使用，如电车线、各种母线等，同时也用于制造电缆及电气设备的组件，如变压器、电抗器、电机的线圈等。

①铜母线。

用途：主要用于制造低压电器、电机、变压器绕组以及供配电装置中的导体。

②铝母线。

用途：主要用于电机、电器、配电装置的制造中，以及供配电装置中的导体。

3）绝缘电线。绝缘导线的主要型号及特点见表 1-4。

表 1-4 绝缘导线主要型号及特点

名称	类型	型号	主要特点
聚氯乙烯绝缘导线	普通型	BV、BVV（圆型）、BVVB（平型）	优点是绝缘性能良好，制造工艺简单，价格较低。缺点是对气候适应性差，低温变脆，高温或日光强照射下增塑剂容易挥发而使绝缘加速老化，因此在没有有效隔热措施的高温环境下，日光强照或高寒地方不宜选用该型电线
	绝缘软线	BVR、RV、RVB（平型）、RVS（绞型）、RVVP（屏蔽型）	
	阻燃型	ZR－BV、ZR－RVS	
	耐火型	NH－BV、NH－RVV	
丁腈聚氯乙烯复合绝缘线	双绞复合物软线	RFS	具有良绝缘性能，并有耐低温、耐腐蚀、不延燃、不老化等性能，在低温下仍然柔软，使用寿命长，比其他型号软线性能好，适用于交流电压 250V 以下或直流电压 500V 以下的各类移动电器、无线电设备和照明灯座的连线
	平型复合物软线	RFS	
橡皮绝缘电线	棉纱编织橡皮绝缘线	BX	弯曲性能好，对气温适应较广，玻璃丝编织橡皮绝缘线可以用于室外架空线路或进户线。但此类线生产工艺复杂，成本高，已被塑料绝缘线所取代
	玻璃丝编织橡皮绝缘线	BBX	
	氯丁橡皮绝缘线	BXF	具有良绝缘性能，并有耐油、不延燃、适应性强，光老化过程缓慢，使用时间为塑料绝缘线的 2 倍，宜在室外敷设。但机械强度较弱，不宜穿管敷设

注：B 表示布线固定敷设，V 表示聚氯乙烯绝缘，ZR 表示阻燃，NH 表示耐火。NH－BV－25 表示截面为 $25mm^2$ 的耐火铜芯聚氯乙烯绝缘导线。

4）电缆：

①电缆的分类：

a. 按其构造及作用不同，可分为电力电缆、控制电缆、电话电缆、射频同轴电缆、移动式软电缆等。

b. 按电压高低可分为低压电缆（小于 1kV）、高压电缆，工作电压等级有 500V 和 1kV、6kV 及 10kV 等。

②电力电缆的基本结构：电力电缆的基本结构一般由线芯、绝缘层和保护层三部分组成，如图 1-4 所示。线芯用来输送电流，有单芯、双芯、三芯、四芯和五芯之分。绝缘层是将导电线芯与相邻导体以及保护层隔离，用来抵抗电力、电流、电压、电场等对外界的作用，保证电流沿线芯方向传输。绝缘层材料通常采用纸、橡胶、聚氯乙烯、聚乙烯、交联聚乙烯等。保护层是为使电缆适应各种外界环境而在绝缘层外面所加的保护覆盖层，保护电缆在敷设和使用过程中免遭外界破坏。

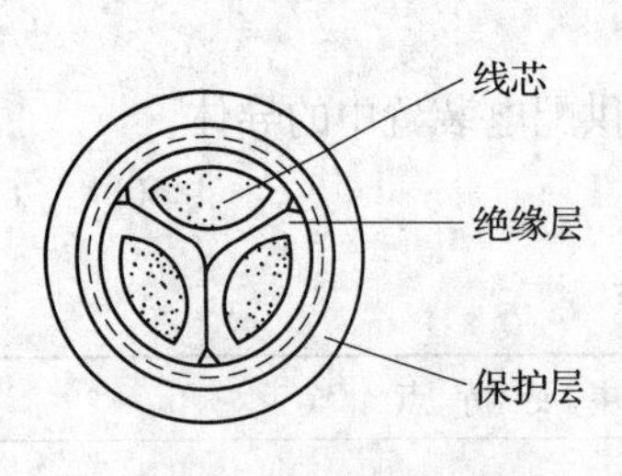

图 1-4　电力电缆基本结构

(3) 常用配线用材料

1）金属管。在建筑电气配管工程中常使用的钢管有厚壁钢管、薄壁钢管、金属波纹管和普利卡金属套管四大类，详见表 1-5。

表 1-5　金属管的分类

序号	类别	内　容
1	厚壁钢管	厚壁钢管又称水煤气管或焊接钢管，在图纸上用 SC 表示，用作电线电缆的保护管，可以暗配于一些潮湿场所或直埋于地下，也可以沿建筑物、墙壁或支吊架敷设。有镀锌和不镀锌之分。其规格、型号为公称直径 15、20、25、32、40、50、65、80、100、125、150 等，单位为 mm
2	薄壁钢管	薄壁钢管又称电线管，在图纸上用 MT 表示，多用于敷设在干燥场所的电线、电缆的保护管，可明敷设或暗敷设
3	金属波纹管	金属波纹管又称金属软管或蛇皮管，主要用于设备上的配线
4	普利卡金属套管	普利卡金属套管是电线电缆保护套管的更新换代产品。由镀锌钢带卷绕成螺纹状，属于可扰性金属套管

2）塑料管。常用的塑料管有硬质塑料管、半硬质塑料管和软塑料管三种。配线所用的塑料管多为 PVC（聚氯乙烯）塑料管。PVC 硬质塑料管工程图标注代号为 PC（旧代号为 SG 或 VG）。

1.1.4　电气设备与材料价格的确定方式

1. 设备价格的确定方式

设备预算价格是指设备由来源地（或交货地点）到达现场仓库（或指定堆放地点）后

的价格。一般情况下，设备预算价格由原价、供应部门手续费、包装费、运输费、采购保管费组成。如果有组织供应的成套设备，还应包括成套设备服务费。

在市场经济下，设备的供应渠道不同，设备制造厂家直接进入二级市场，设备供应中间环节减少了，供应部门手续费不再发生。设备厂家直接与建设单位订货，并且送货上门，一些必要的运费、装卸费，甚至安装费调试也包括在设备费中。在概预算中要对设备的价格了解清楚，根据市场变化，正确计算出设备的预算价格。

为简化计算，在确定项目建设投资的设计概算编制阶段，将设备预算价格（也称设备购置费）划分为设备原价和运杂费两个部分，计算公式为：

$$设备预算价格=设备原价+运杂费 \tag{1-1}$$

上式中，设备原价是指国产设备或进口设备原价，设备运杂费指设备采购、运输、包装、保管等方面支出费用的总和。设备运杂费按占设备原价百分比的综合费率计算，一般为设备原值的1%～8%，具体情况还要根据各有关部委和省、市、区具体规定，并结合工程建设地点的运输情况确定。

在编制施工图预算或进行投标报价时，设备价格的确定方式有如下几种：

1）依据各地区的预算价格。

2）依据市场调查价格（此价格通常含有经销部门的费用）。

3）依据设备生产厂家的直接供应价格。

2. 材料预算价格的确定

工程材料预算价格是指材料从来源地（或交货地点）到达现场仓库（或指定堆施地点）后的出库价格。计算公式如下：

$$材料预算价格=材料供应价格+市内运杂费+采购保管费 \tag{1-2}$$

$$材料供应价格=(材料原价+供应部门手续费+包装费+外地至本地的运输费用+材料采购保管费)-包装材料回收值 \tag{1-3}$$

建筑安装工程中，材料费用是工程造价的重要组成部分，材料费用占工程总造价的70%左右，材料价格的高低直接影响工程造价。所以在建设项目投资的设计概算编制中，施工阶段的招标标底编制（招标控制价）及投标报价的编制，如何确定材料价格极为重要。

目前在招投标活动中对材料价格的确定的依据主要有以下几种：

1）材料预算价格。材料预算价格是指材料由其来源地（或交货地点）到达施工现场仓库（或指定堆放点）后的价格。

$$材料预算价格=材料的供应价格+市内运输价格+采购保管费 \tag{1-4}$$

2）信息价格。工程造价管理部门根据一个阶段的市场供应情况、物价水平及综合诸多因素确定的参考价格。

3）市场调查价格。由于材料生产厂家不同，货源的渠道不同，各供应商的价格存在差异，因此做多方面市场调查很重要。

4）厂家直接供应价格　材料生产厂家不通过经销部门直接供货给材料的需求方所确定的价格。

5）业主暂定价格。在招标活动中，业主为有效控制投资或作出某些条件的限定或参考依据。

6）双方共同确认价格。在项目实施过程中，业主与承包商可根据上述的“材料预算价格”、“信息价格”、“市场调查价格”及“厂家直接供应价格”进行综合比较确定的价格。

1.2 工程量清单与计价基础

1.2.1 工程量清单计价的概念

1. 工程量清单的概念

工程量清单是表现拟建工程的分部分项工程项目、措施项目、其他项目、规费项目和税金项目的名称和相应数量的明细清单。电气设备安装工程工程量清单由招标人按照《通用安装工程工程量计算规范》GB 50856—2013“附录D 电气设备安装工程”中统一的项目编码、项目名称、计量单位和工程量计算规则，以及招标文件、施工图、现场条件计算出的构成工程实体，可供编制招标控制价及投标报价的实物工程量的汇总清单，是工程招标文件的组成内容，其内容包括分部分项工程量清单、措施项目清单、其他项目清单、规费项目清单以及税金项目清单。

2. 工程量清单计价的概念

工程量清单计价是指投标人完成由招标人提供的工程量清单所需的全部费用，包括分部分项工程费、措施项目费、其他项目费和规费、税金。

工程量清单计价是建设工程招标投标中，按照国家统一的工程量清单计价规范，由招标人提供工程数量，投标人自主报价，经评审低价中标的工程造价计价模式。采用工程量清单计价能反映工程个别成本，有利于企业自主报价和公平竞争。

1.2.2 工程量清单计价的作用

工程量清单是工程量清单计价的有效工具，是国际工程承包招标投标中的流行方式，在招标投标和工程造价全过程管理过程中起着重要作用，是招标人与投标人建立和实现“要约”与“承诺”需求的信息载体，由于形式简单统一，也为网上招标提供了有效工具。同时因为它的公开性原则，也为投标者提供了一个公开、公平、公正竞争的环境。因为统一由招标人计算和发布工程量清单，特别是由专业水平高的咨询人员即第三方编制工程量清单，一是立场公正，二是可以防止由于项目分项不一致、漏项、多项、工程量计算不准确等人为因素的影响，同时便于投标者将主要人力和精力集中于报价决策上，提高了投标工作的效率及中标的可能性。此外，工程量清单是工程合同的重要文件之一，因而又是招标标底、投标报价、询价、评标、工程进度款支付的依据。结合合同，工程量清单又是施工过程中的进度支付、工程结算、索赔及竣工结算的重要依据。总之，它对从招标投标开始的全过程工程造价管理起着重要的作用。

1.2.3 工程量清单计价的特点

1. 统一计价规则

通过制定统一的建设工程工程量清单计价方法、统一的工程量计量规则、统一的工程量清单项目设置规则，达到规范计价行为的目的。这些规则和办法是强制性的，建设各方都应该遵守，这是工程造价管理部门首次在文件中明确政府应管什么，不应管什么。

2. 有效控制消耗量

通过由政府发布统一的社会平均消耗量指导标准，为企业提供一个社会平均尺度，避免企业盲目或随意大幅度减少或扩大消耗量，从而达到保证工程质量的目的。

3. 彻底放开价格

将工程消耗量定额中的工、料、机价格和利润、管理费全面放开，由市场的供求关系自行确定价格。

4. 企业自主报价

投标企业根据自身的技术专长、材料采购渠道和管理水平等，制定企业自己的报价定额，自主报价。企业尚无报价定额的，可参考使用造价管理部门颁布的相关定额。

5. 市场有序竞争形成价格

通过建立与国际惯例接轨的工程量清单计价模式，引入充分竞争形成价格的机制，制定衡量投标报价合理性的基础标准，在投标过程中，有效引入竞争机制，淡化标底的作用，在保证质量、工期的前提下，按《中华人民共和国招标投标法》及有关条款规定，最终以“不低于成本”的合理低价者中标。

1.3 电气工程工程量清单编制

1.3.1 一般规定

1）招标工程量清单应由具有编制能力的招标人或受其委托、具有相应资质的工程造价咨询人或招标代理人编制。

2）招标工程量清单必须作为招标文件的组成部分，其准确性和完整性由招标人负责。

3）招标工程量清单是工程量清单计价的基础，应作为编制招标控制价、投标报价、计算工程量、工程索赔等的依据之一。

4）招标工程量清单应以单位（项）工程为单位编制，应由分部分项工程量清单、措施项目清单、其他项目清单、规费和税金项目清单组成。

5）编制工程量清单应依据：

①《通用安装工程工程量计算规范》GB 50856—2013 和现行国家标准《建设工程工程量清单计价规范》GB 50500—2013。

②国家或省级、行业建设主管部门颁发的计价依据和办法。

③建设工程设计文件。

④与建设工程项目有关的标准、规范、技术资料。

⑤拟定的招标文件。

⑥施工现场情况、工程特点及常规施工方案。

⑦其他相关资料。

6）其他项目、规费和税金项目清单应按照现行国家标准《建设工程工程量清单计价规范》GB 50500—2013 的相关规定编制。

7）编制工程量清单出现《通用安装工程工程量计算规范》GB 50856—2013“附录D 电气设备安装工程”中未包括的项目，编制人应做补充，并报省级或行业工程造价管理机构备案，省级或行业工程造价管理机构应汇总报住房城乡建设部标准定额研究所。

补充项目的编码由《通用安装工程工程量计算规范》GB 50856—2013 的代码 03 与 B 和三位阿拉伯数字组成，并应从 03B001 起顺序编制，同一招标工程的项目不得重码。

补充的工程量清单需附有补充项目的名称、项目特征、计量单位、工程量计算规则、工作内容。不能计量的措施项目，需附有补充项目的名称、工作内容及包含范围。

1.3.2 分部分项工程

1）工程量清单必须根据《通用安装工程工程量计算规范》GB 50856—2013“附录D 电气设备安装工程”规定的项目编码、项目名称、项目特征、计量单位和工程量计算规则进行编制。

2）工程量清单的项目编码，应采用前十二位阿拉伯数字表示，一至九位应按《通用安装工程工程量计算规范》GB 50856—2013“附录D 电气设备安装工程”的规定设置，十至十二位应根据拟建工程的工程量清单项目名称设置，同一招标工程的项目编码不得有重码。

各位数字的含义是：一、二位为专业工程代码（01—房屋建筑与装饰工程；02—仿古建筑工程；03—通用安装工程；04—市政工程；05—园林绿化工程；06—矿山工程；07—构筑物工程；08—城市轨道交通工程；09—爆破工程。以后进入国标的专业工程代码以此类推）；三、四位为工程分类顺序码；五、六位为分部工程顺序码；七、八、九位为分项工程项目名称顺序码；十至十二位为清单项目名称顺序码。

当同一标段（或合同段）的一份工程量清单中含有多个单位工程且工程量清单是以单位工程为编制对象时，在编制工程量清单时应特别注意对项目编码十至十二位的设置不得有重码的规定。例如，一个标段（或合同段）的工程量清单中含有 3 个单位工程，每一单位工程中都有项目特征相同的变压器项目，在工程量清单中又需反映 3 个不同单位工程的变压器工程量时，则第一个单位工程变压器的项目编码应为 030401001001，第二个单位工程变压器的项目编码应为 030401001002，第三个单位工程变压器的项目编码应为 030401001003，并分别列出各单位工程变压器的工程量。

3）工程量清单的项目名称应按《通用安装工程工程量计算规范》GB 50856—2013“附录D 电气设备安装工程”的项目名称结合拟建工程的实际确定。

4）分部分项工程量清单项目特征应按《通用安装工程工程量计算规范》GB 50856—2013“附录D 电气设备安装工程”中规定的项目特征，结合拟建工程项目的实际予以描述。

工程量清单的项目特征是确定一个清单项目综合单价不可缺少的重要依据，在编制工程量清单时，必须对项目特征进行准确和全面的描述。但有些项目特征用文字往往又难以准确和全面的描述清楚。因此，为达到规范、简洁、准确、全面描述项目特征的要求，在描述工程量清单项目特征时应按以下原则进行：

①项目特征描述的内容应按附录中的规定，结合拟建工程的实际，能满足确定综合单价的需要。

②若采用标准图集或施工图纸能够全部或部分满足项目特征描述的要求，项目特征描述可直接采用详见××图集或××图号的方式。对不能满足项目特征描述要求的部分，仍应用文字描述。

5）分部分项工程量清单中所列工程量应按《通用安装工程工程量计算规范》GB 50856—2013“附录D　电气设备安装工程”中规定的工程量计算规则计算。

6）分部分项工程量清单的计量单位应按《通用安装工程工程量计算规范》GB 50856—2013“附录D　电气设备安装工程”中规定的计量单位确定。

7）项目安装高度若超过基本高度时，应在“项目特征”中描述。电气设备安装工程的基本安装高度为5m。

1.3.3　措施项目

1）措施项目清单必须根据相关工程现行国家计量规范的规定编制，应根据拟建工程的实际情况列项。

2）措施项目中列出了项目编码、项目名称、项目特征、计量单位、工程量计算规则的项目。编制工程量清单时，应按照“分部分项工程”的规定执行。

3）措施项目中仅列出项目编码、项目名称，未列出项目特征、计量单位和工程量计算规则的项目。

4）专业措施项目工程量清单项目设置、项目特征描述的内容、计量单位及工程量计算规则，应按表1-6的规定执行。

表1-6　专业措施项目（编码：031301）

项目编码	项 目 名 称	工作内容及包含范围
031301001	吊装加固	1. 行车梁加固 2. 桥式起重机加固及负荷试验 3. 整体吊装临时加固件，加固设施拆除、清理
031301002	金属抱杆安装、拆除、移位	1. 安装、拆除 2. 位移 3. 吊耳制作、安装 4. 拖拉坑挖埋
031301003	平台铺设、拆除	1. 场地平整 2. 基础及支墩砌筑 3. 支架型钢搭设 4. 铺设 5. 拆除、清理
031301004	顶升、提升装置	安装、拆除
031301005	大型设备专用机具	

续表 1-6

项目编码	项 目 名 称	工作内容及包含范围
031301006	焊接工艺评定	焊接、试验及结果评价
031301007	胎（模）具制作、安装、拆除	制作、安装、拆除
031301008	防护棚制作、安装、拆除	防护棚制作、安装、拆除
031301009	特殊地区施工增加	1. 高原、高寒施工防护 2. 地震防护
031301010	安装与生产同时进行施工增加	1. 火灾防护 2. 噪声防护
031301011	在有害身体健康环境中施工增加	1. 有害化合物防护 2. 粉尘防护 3. 有害气体防护 4. 高浓度氧气防护
031301012	工程系统检测、检验	1. 起重机、锅炉、高压容器等特种设备安装质量监督检验检测 2. 由国家或地方检测部门进行的各类检测
031301013	设备、管道施工的安全、防冻和焊接保护	保证工程施工正常进行的防冻和焊接保护
031301014	焦炉烘炉、热态工程	1. 烘炉安装、拆除、外运 2. 热态作业劳保消耗
031301015	管道安拆后的充气保护	充气管道安装、拆除
031301016	隧道内施工的通风、供水、供气、供电、照明及通信设施	通风、供水、供气、供电、照明及通信设施安装、拆除
031301017	脚手架搭拆	1. 场内、场外材料搬运 2. 搭、拆脚手架 3. 拆除脚手架后材料的堆放
031301018	其他措施	为保证工程施工正常进行所发生的费用

注：1. 由国家或地方检测部门进行的各类检测，指安装工程不包括的属经营服务性项目，如通电测试、防雷装置检测、安全及消防工程检测、室内空气质量检测等。

2. 脚手架按各附录分别列项。

3. 其他措施项目必须根据实际措施项目名称确定项目名称，明确描述工作内容及包含范围。

5）安全文明施工及其他措施项目工程量清单项目设置、计量单位、工作内容及包含范围，应按表 1-7 的规定执行。

表 1-7 安全文明施工及其他措施项目（编码：031302）

项目编码	项目名称	工作内容及包含范围
031302001	安全文明施工费	1. 环境保护：现场施工机械设备降低噪声、防扰民措施；水泥和其他易飞扬细颗粒建筑材料密闭存放或采取覆盖措施等；工程防扬尘洒水；土石方、建渣外运车辆保护措施等；现场污染源的控制、生活垃圾清理外运、场地排水排污措施；其他环境保护措施。 2. 文明施工："五牌一图"；现场围挡的墙面美化（包括内外粉刷、刷白、标语等）、压顶装饰；现场厕所便槽刷白、贴面砖，水泥砂浆地面或地砖，建筑物内临时便溺设施；其他施工现场临时设施的装饰装修、美化措施；现场生活卫生设施；符合卫生要求的饮水设备、淋浴、消毒等设施；生活用洁净燃料；防煤气中毒、防蚊虫叮咬等措施；施工现场操作场地的硬化；现场绿化、治安综合治理；现场配备医药保健器材、物品费用和急救人员培训；用于现场工人的防暑降温、电风扇、空调等设备及用电；其他文明施工措施。 3. 安全施工：安全资料、特殊作业专项方案的编制，安全施工标志的购置及安全宣传；"三宝"（安全帽、安全带、安全网）、"四口"（楼梯口、电梯井口、通道口、预留洞口）、"五临边"（阳台围边、楼板围边、屋面围边、槽坑围边、卸料平台两侧）、水平防护架、垂直防护架、外架封闭等防护措施；施工安全用电，包括配电箱三级配电、两级保护装置要求、外电防护措施；起重机、塔吊等起重设备（含井架、门架）及外用电梯的安全防护措施（含警示标志）及卸料平台的临边防护、层间安全门、防护棚等设施；建筑工地起重机械的检验检测；施工机具防护棚及其围栏的安全保护设施；施工安全防护通道；工人的安全防护用品、用具购置；消防设施与消防器材的配置；电气保护、安全照明设施；其他安全防护措施。 4. 临时设施：施工现场采用彩色、定型钢板，砖、混凝土砌块等围挡的安砌、维修、拆除；施工现场临时建筑物、构筑物的搭设、维修、拆除，如临时宿舍、办公室、食堂、厨房、厕所、诊疗所、临时文化福利用房、临时仓库、加工场、搅拌台、临时简易水塔、水池等；施工现场临时设施的搭设、维修、拆除，如临时供水管道、临时供电管线、小型临时设施等；施工现场规定范围内临时简易道路铺设，临时排水沟、排水设施安砌、维修、拆除；其他临时设施的搭设、维修、拆除
031302002	夜间施工增加	1. 夜间固定照明灯具和临时可移动照明灯具的设置、拆除 2. 夜间施工时，施工现场交通标志、安全标牌、警示灯等的设置、移动、拆除 3. 夜间照明设备及照明用电、施工人员夜班补助、夜间施工劳动效率降低等
031302003	非夜间施工增加	为保证工程施工正常进行，在地下（暗）室、设备及大口径管道内等特殊施工部位施工时所采用的照明设备的安拆、维护及照明用电、通风等；在地下（暗）室等施工引起的人工工效降低以及由于人工工效降低引起的机械降效

续表 1-7

项目编码	项目名称	工作内容及包含范围
031302004	二次搬运	由于施工场地条件限制而发生的材料、成品、半成品等一次运输不能到达堆放地点，必须进行二次或多次搬运
031302005	冬雨季施工增加	1. 冬雨（风）季施工时增加的临时设施（防寒保温、防雨、防风设施）的搭设、拆除 2. 冬雨（风）季施工时，对砌体、混凝土等采用的特殊加温、保温和养护措施 3. 冬雨（风）季施工时，施工现场的防滑处理、对影响施工的雨雪的清除 4. 冬雨（风）季施工时增加的临时设施、施工人员的劳动保护用品、冬雨（风）季施工劳动效率降低等
031302006	已完工程及设备保护	对已完工程及设备采取的覆盖、包裹、封闭、隔离等必要保护措施
031302007	高层施工增加	1. 高层施工引起的人工工效降低以及由于人工工效降低引起的机械降效 2. 通信联络设备的使用

注：1. 本表所列项目应根据工程实际情况计算措施项目费用，需分摊的应合理计算摊销费用。
2. 施工排水是指为保证工程在正常条件下施工而采取的排水措施所发生的费用。
3. 施工降水是指为保证工程在正常条件下施工而采取的降低地下水位的措施所发生的费用。
4. 高层施工增加：
(1) 单层建筑物檐口高度超过 20m，多层建筑物超过 6 层时，按各附录分别列项。
(2) 突出主体建筑物顶的电梯机房、楼梯出口间、水箱间、瞭望塔、排烟机房等不计入檐口高度。计算层数时，地下室不计入层数。

6）大型机械设备进出场及安拆，应按现行国家标准《房屋建筑与装饰工程工程量计算规范》GB 50854—2013 相关项目编码列项。

1.3.4 其他项目

1）其他项目清单应按照下列内容列项：

①暂列金额。招标人暂定并包括在合同价款中的一笔款项。不管采用何种合同形式，其理想的标准是，一份合同的价格就是其最终的竣工结算价格，或者至少两者应尽可能接近。我国规定对政府投资工程实行概算管理，经项目审批部门批复的设计概算是工程投资控制的刚性指标，即使商业性开发项目也有成本的预先控制问题，否则，无法相对准确地预测投资的收益和科学合理地进行投资控制。但工程建设自身的特性决定了工程的设计需要根据工程进展不断地进行优化和调整，业主需求可能会随工程建设进展而出现变化，工程建设过程还会存在一些不能预见、不能确定的因素。消化这些因素必然会影响合同价格的调整，暂列金额正是因这类不可避免的价格调整而设立，以便达到合理确定和有效控制工程造价的目标。

有一种错误的观念认为，暂列金额列入合同价格就属于承包人（中标人）所有了。事实上，即便是总价包干合同，也不是列入合同价格的任何金额都属于中标人的，是否属于中标人应得金额取决于具体的合同约定，暂列金额从定义开始就明确，只有按照合同约定程序实际发生后，才能成为中标人的应得金额，纳入合同结算价款中。扣除实际发生金额后的暂列金额余额仍属于招标人所有。设立暂列金额并不能保证合同结算价格不会再出现超过已签约合同价的情况，是否超出已签约合同价完全取决于对暂列金额预测的准确性，以及工程建设过程是否出现了其他事先未预测到的事件。

②暂估价。暂估价是指招标阶段直至签订合同协议时，招标人在招标文件中提供的用于支付必然要发生但暂时不能确定价格的材料以及专业工程的金额。其包括材料暂估价、工程设备暂估单价、专业工程暂估价。

为方便合同管理和计价，需要纳入工程量清单项目综合单价中的暂估价最好只是材料费，以方便投标人组价。对专业工程暂估价一般应是综合暂估价，包括除规费、税金以外的管理费、利润等。

③计日工。计日工是为了解决现场发生的零星工作的计价而设立的。国际上常见的标准合同条款中，大多数都设立了计日工（Daywork）计价机制。计日工对完成零星工作所消耗的人工工时、材料数量、施工机械台班进行计量，并按照计日工表中填报的适用项目的单价进行计价支付。计日工适用的所谓零星工作一般是指合同约定之外或者因变更而产生的、工程量清单中没有相应项目的额外工作，尤其是那些时间不允许事先商定价格的额外工作。

④总承包服务费。总承包服务费是为了解决招标人在法律、法规允许的条件下进行专业工程发包以及自行供应材料、工程设备，并需要总承包人对发包的专业工程提供协调和配合服务，对甲供材料、工程设备提供收/发和保管服务以及进行施工现场管理时发生并向总承包人支付的费用。招标人应预计该项费用，并按投标人的投标报价向投标人支付该项费用。

2）暂列金额应根据工程特点按有关计价规定估算。为保证工程施工建设的顺利实施，应针对施工过程中可能出现的各种不确定因素对工程造价的影响，在招标控制价中估算一笔暂列金额。暂列金额可根据工程的复杂程度、设计深度、工程环境条件（包括地质、水文、气候条件等）进行估算，一般可按分部分项工程费和措施项目费的10%～15%为参考。

3）暂估价中的材料、工程设备暂估价应根据工程造价信息或参照市场价格估算，列出明细表；专业工程暂估价应分不同专业，按有关计价规定估算，列出明细表。

4）计日工应列出项目名称、计量单位和暂估数量。

5）综合承包服务费应列出服务项目及其内容等。

6）出现上述第1）款未列的项目，应根据工程实际情况补充。

1.3.5 规费项目

1）规费项目清单应按照下列内容列项：

①社会保障费：包括养老保险费、失业保险费、医疗保险费、工伤保险费、生育保险费。

②住房公积金。

③工程排污费。

2）出现上述第1）款未列的项目，应按省级政府或省级有关部门的规定列项。

1.3.6 税金项目

1）税金项目清单应包括下列内容：

①营业税。

②城市维护建设税。

③教育费附加。

④地方教育附加。

2）出现上述第1）款未列的项目，应根据税务部门的规定列项。

1.4 电气工程工程量清单计价编制

1.4.1 一般规定

1. 计价方式

1）使用国有资金投资的建设工程发承包，必须采用工程量清单计价。

2）非国有资金投资的建设工程，宜采用工程量清单计价。

3）不采用工程量清单计价的建设工程，应执行《建设工程工程量清单计价规范》GB 50500—2013除工程量清单等专门性规定外的其他规定。

4）工程量清单应采用综合单价计价。

5）措施项目中的安全文明施工费必须按国家或省级、行业建设主管部门的规定计算，不得作为竞争性费用。

6）规费和税金必须按国家或省级、行业建设主管部门的规定计算，不得作为竞争性费用。

2. 发包人提供材料和工程设备

1）发包人提供的材料和工程设备（以下简称甲供材料）应在招标文件中按照《建设工程工程量清单计价规范》GB 50500—2013附录L.1的规定填写《发包人提供材料和工程设备一览表》，写明甲供材料的名称、规格、数量、单价、交货方式、交货地点等。

承包人投标时，甲供材料单价应计入相应项目的综合单价中，签约后，发包人应按合同约定扣除甲供材料款，不予支付。

2）承包人应根据合同工程进度计划的安排，向发包人提交甲供材料交货的日期计划。发包人应按计划提供。

3）发包人提供的甲供材料如规格、数量或质量不符合合同要求，或由于发包人原因发生交货日期延误、交货地点及交货方式变更等情况的，发包人应承担由此增加的费用和（或）工期延误，并应向承包人支付合理利润。

4）发承包双方对甲供材料的数量发生争议不能达成一致的，应按照相关工程的计价定额同类项目规定的材料消耗量计算。

5）若发包人要求承包人采购已在招标文件中确定为甲供材料的，材料价格应由发承包双方根据市场调查确定，并应另行签订补充协议。

3. 承包人提供材料和工程设备

1）除合同约定的发包人提供的甲供材料外，合同工程所需的材料和工程设备应由承包人提供，承包人提供的材料和工程设备均应由承包人负责采购、运输和保管。

2）承包人应按合同约定将采购材料和工程设备的供货人及品种、规格、数量和供货时间等提交发包人确认，并负责提供材料和工程设备的质量证明文件，满足合同约定的质量标准。

3）对承包人提供的材料和工程设备经检测不符合合同约定的质量标准，发包人应立即要求承包人更换，由此增加的费用和（或）工期延误应由承包人承担。对发包人要求检测承包人已具有合格证明的材料、工程设备，但经检测证明该项材料、工程设备符合合同约定的质量标准，发包人应承担由此增加的费用和（或）工期延误，并向承包人支付合理利润。

4. 计价风险

1）建设工程发承包。必须在招标文件、合同中明确计价中的风险内容及其范围。不得采用无限风险、所有风险或类似语句规定计价中的风险内容及范围。

2）由于下列因素出现，影响合同价款调整的，应由发包人承担：

①国家法律、法规、规章和政策发生变化。

②省级或行业建设主管部门发布的人工费调整，但承包人对人工费或人工单价的报价高于发布的除外。

③由政府定价或政府指导价管理的原材料等价格进行了调整。

3）由于市场物价波动影响合同价款的，应由发承包双方合理分摊，按《建设工程工程量清单计价规范》GB 50500—2013 中附录 L. 2 或 L. 3 填写《承包人提供主要材料和工程设备一览表》作为合同附件；当合同中没有约定，发承包双方发生争议时，应按“1. 4. 6　合同价款调整”第 8 条“物价变化”的规定调整合同价款。

4）由于承包人使用机械设备、施工技术以及组织管理水平等自身原因造成施工费用增加的，应由承包人全部承担。

5）当不可抗力发生，影响合同价款时，应按“1. 4. 6　合同价款调整”第 10 条“不可抗力”的规定执行。

1. 4. 2　招标控制价

1. 一般规定

1）国有资金投资的建设工程招标，招标人必须编制招标控制价。

2）招标控制价应由具有编制能力的招标人或受其委托具有相应资质的工程造价咨询人编制和复核。

3）工程造价咨询人接受招标人委托编制招标控制价，不得再就同一工程接受投标人委托编制投标报价。

4）招标控制价应按“1. 4. 2　招标控制价”第 2 条“编制和复核”的规定编制，不应上调或下浮。

5）当招标控制价超过批准的概算时，招标人应将其报原概算审批部门审核。

6）招标人应在发布招标文件时公布招标控制价，同时应将招标控制价及有关资料报送工程所在地或有该工程管辖权的行业管理部门工程造价管理机构备查。

2. 编制和复核

1）招标控制价应根据下列依据编制与复核：

①《建设工程工程量清单计价规范》GB 50500—2013。

②国家或省级、行业建设主管部门颁发的计价定额和计价办法。

③建设工程设计文件及相关资料。

④拟定的招标文件及招标工程量清单。

⑤与建设项目相关的标准、规范、技术资料。

⑥施工现场情况、工程特点及常规施工方案。

⑦工程造价管理机构发布的工程造价信息，当工程造价信息没有发布时，参照市场价。

⑧其他的相关资料。

2）综合单价中应包括招标文件中划分的应由投标人承担的风险范围及其费用。招标文件中没有明确的，如是工程造价咨询人编制，应提请招标人明确；如是招标人编制，应予明确。

3）分部分项工程和措施项目中的单价项目，应根据拟定的招标文件和招标工程量清单项目中的特征描述及有关要求确定综合单价计算。

4）措施项目中的总价项目应根据拟定的招标文件和常规施工方案按“1.4.1 一般规定”第1条“计价方式”中4）、5）的规定计价。

5）其他项目应按下列规定计价：

①暂列金额应按招标工程量清单中列出的金额填写。

②暂估价中的材料、工程设备单价应按招标工程量清单中列出的单价计入综合单价。

③ 暂估价中的专业工程金额应按招标工程量清单中列出的金额填写。

④计日工应按招标工程量清单中列出的项目根据工程特点和有关计价依据确定综合单价计算。

⑤总承包服务费应根据招标工程量清单列出的内容和要求估算。

6）规费和税金应按“1.4.1 一般规定”第1条“计价方式”中6）的规定计算。

3. 投诉与处理

1）投标人经复核认为招标人公布的招标控制价未按照《建设工程工程量清单计价规范》GB 50500—2013 的规定进行编制的，应在招标控制价公布后5天内向招投标监督机构和工程造价管理机构投诉。

2）投诉人投诉时，应当提交由单位盖章和法定代表人或其委托人签名或盖章的书面投诉书。投诉书应包括下列内容：

①投诉人与被投诉人的名称、地址及有效联系方式。

②投诉的招标工程名称、具体事项及理由。

③投诉依据及有关证明材料。

④相关的请求及主张。

3）投诉人不得进行虚假、恶意投诉，阻碍招投标活动的正常进行。

4）工程造价管理机构在接到投诉书后应在 2 个工作日内进行审查，对有下列情况之一的，不予受理。

①投诉人不是所投诉招标工程招标文件的收受人。

②投诉书提交的时间不符合上述 1）条规定的。

③投诉书不符合上述 2）条规定的。

④投诉事项已进入行政复议或行政诉讼程序的。

5）工程造价管理机构应在不迟于结束审查的次日将是否受理投诉的决定书面通知投诉人、被投诉人以及负责该工程招投标监督的招投标管理机构。

6）工程造价管理机构受理投诉后，应立即对招标控制价进行复查，组织投诉人、被投诉人或其委托的招标控制价编制人等单位人员对投诉问题逐一核对。有关当事人应当予以配合，并应保证所提供资料的真实性。

7）工程造价管理机构应当在受理投诉的 10 天内完成复查，特殊情况下可适当延长，并做出书面结论通知投诉人、被投诉人及负责该工程招投标监督的招投标管理机构。

8）当招标控制价复查结论与原公布的招标控制价误差大于±3%时，应当责成招标人改正。

9）招标人根据招标控制价复查结论需要重新公布招标控制价的，其最终公布的时间至招标文件要求提交投标文件截止时间不足 15 天的，应相应延长投标文件的截止时间。

1.4.3 投标报价

1. 一般规定

1）投标价应由投标人或受其委托具有相应资质的工程造价咨询人编制。

2）投标人应依据“1.4.3 投标报价”第 2 条“编制与复核”1）的规定自主确定投标报价。

3）投标报价不得低于工程成本。

4）投标人必须按招标工程量清单填报价格。项目编码、项目名称、项目特征、计量单位、工程量必须与招标工程量清单一致。

5）投标人的投标报价高于招标控制价的应予废标。

2. 编制与复核

1）投标报价应根据下列依据编制和复核：

①《建设工程工程量清单计价规范》GB 50500—2013。

②国家或省级、行业建设主管部门颁发的计价办法。

③企业定额，国家或省级、行业建设主管部门颁发的计价定额和计价办法。

④招标文件、招标工程量清单及其补充通知、答疑纪要。

⑤建设工程设计文件及相关资料。

⑥施工现场情况、工程特点及投标时拟定的施工组织设计或施工方案。

⑦ 与建设项目相关的标准、规范等技术资料。

⑧市场价格信息或工程造价管理机构发布的工程造价信息。

⑨其他的相关资料。

2）综合单价中应包括招标文件中划分的应由投标人承担的风险范围及其费用，招标文件中没有明确的，应提请招标人明确。

3）分部分项工程和措施项目中的单价项目，应根据招标文件和招标工程量清单项目中的特征描述确定综合单价计算。

4）措施项目中的总价项目金额应根据招标文件及投标时拟订的施工组织设计或施工方案，按“1.4.1 一般规定”第1条“计价方式”4）的规定自主确定。其中安全文明施工费应按照“1.4.1 一般规定”第1条“计价方式”5）的规定确定。

5）其他项目应按下列规定报价。

①暂列金额应按招标工程量清单中列出的金额填写。

②材料、工程设备暂估价应按招标工程量清单中列出的单价计入综合单价。

③专业工程暂估价应按招标工程量清单中列出的金额填写。

④计日工应按招标工程量清单中列出的项目和数量，自主确定综合单价并计算计日工金额。

⑤总承包服务费应根据招标工程量清单中列出的内容和提出的要求自主确定。

6）规费和税金应按“1.4.1 一般规定”第1条“计价方式”6）的规定确定。

7）招标工程量清单与计价表中列明的所有需要填写单价和合价的项目，投标人均应填写且只允许有一个报价。未填写单价和合价的项目，可视为此项费用已包含在已标价工程量清单中其他项目的单价和合价之中。当竣工结算时，此项目不得重新组价予以调整。

8）投标总价应当与分部分项工程费、措施项目费、其他项目费和规费、税金的合计金额一致。

1.4.4 合同价款约定

1. 一般规定

1）实行招标的工程合同价款应在中标通知书发出之日起30天内，由发承包双方依据招标文件和中标人的投标文件在书面合同中约定。

合同约定不得违背招标、投标文件中关于工期、造价、质量等方面的实质性内容。招标文件与中标人投标文件不一致的地方，应以投标文件为准。

2）不实行招标的工程合同价款，应在发承包双方认可的工程价款基础上，由发承包双方在合同中约定。

3）实行工程量清单计价的工程，应采用单价合同；建设规模较小，技术难度较低，工期较短，且施工图设计已审查批准的建设工程可采用总价合同；紧急抢险、救灾以及施工技术特别复杂的建设工程可采用成本加酬金合同。

2. 约定内容

1）发承包双方应在合同条款中对下列事项进行约定：

①预付工程款的数额、支付时间及抵扣方式。

②安全文明施工措施的支付计划，使用要求等。

③工程计量与支付工程进度款的方式、数额及时间。

④工程价款的调整因素、方法、程序、支付及时间。

⑤施工索赔与现场签证的程序、金额确认与支付时间。

⑥承担计价风险的内容、范围以及超出约定内容、范围的调整办法。

⑦工程竣工价款结算编制与核对、支付及时间。

⑧工程质量保证金的数额、预留方式及时间。

⑨违约责任以及发生合同价款争议的解决方法及时间。

⑩与履行合同、支付价款有关的其他事项等。

2）合同中没有按照上述第1）条的要求约定或约定不明的，若发承包双方在合同履行中发生争议由双方协商确定；当协商不能达成一致时，应按《建设工程工程量清单计价规范》GB 50500—2013的规定执行。

1.4.5 工程计量

1. 一般规定

1）工程量必须按照相关工程现行国家计量规范规定的工程量计算规则计算。

2）工程计量可选择按月或按工程形象进度分段计量，具体计量周期应在合同中约定。

3）因承包人原因造成的超出合同工程范围施工或返工的工程量，发包人不予计量。

4）成本加酬金合同应按“1.4.5 工程计量”第2款“单价合同的计量”的规定计量。

2. 单价合同的计量

1）工程量必须以承包人完成合同工程应予计量的工程量确定。

2）施工中进行工程计量，当发现招标工程量清单中出现缺项、工程量偏差，或因工程变更引起工程量增减时，应按承包人在履行合同义务中完成的工程量计算。

3）承包人应当按照合同约定的计量周期和时间向发包人提交当期已完工程量报告。发包人应在收到报告后7天内核实，并将核实计量结果通知承包人。发包人未在约定时间内进行核实的，承包人提交的计量报告中所列的工程量应视为承包人实际完成的工程量。

4）发包人认为需要进行现场计量核实时，应在计量前24小时通知承包人，承包人应为计量提供便利条件并派人参加。当双方均同意核实结果时，双方应在上述记录上签字确认。承包人收到通知后不派人参加计量，视为认可发包人的计量核实结果。发包人不按照约定时间通知承包人，致使承包人未能派人参加计量，计量核实结果无效。

5）当承包人认为发包人核实后的计量结果有误时，应在收到计量结果通知后的7天内向发包人提出书面意见，并应附上其认为正确的计量结果和详细的计算资料。发包人收到书面意见后，应在7天内对承包人的计量结果进行复核后通知承包人。承包人对复核计量结果仍有异议的，按照合同约定的争议解决办法处理。

6）承包人完成已标价工程量清单中每个项目的工程量并经发包人核实无误后，发承包双方应对每个项目的历次计量报表进行汇总，以核实最终结算工程量，并应在汇总表上签字确认。

3. 总价合同的计量

1）采用工程量清单方式招标形成的总价合同，其工程量应按“1.4.5 工程计量”第2款“单价合同的计量”的规定计算。

2）采用经审定批准的施工图纸及其预算方式发包形成的总价合同，除按照工程变更规定的工程量增减外，总价合同各项目的工程量应为承包人用于结算的最终工程量。

3）总价合同约定的项目计量应以合同工程经审定批准的施工图纸为依据，发承包双方应在合同中约定工程计量的形象目标或时间节点进行计量。

4）承包人应在合同约定的每个计量周期内对已完成的工程进行计量，并向发包人提交达到工程形象目标完成的工程量和有关计量资料的报告。

5）发包人应在收到报告后7天内对承包人提交的上述资料进行复核，以确定实际完成的工程量和工程形象目标。对其有异议的，应通知承包人进行共同复核。

4. 工程计量其他规定

1）工程计量时每一项目汇总的有效位数应遵守下列规定：

①以“t”为单位，应保留小数点后三位数字，第四位小数四舍五入。

②以“m”、“m^2”、“m^3”、“kg”为单位，应保留小数点后两位数字，第三位小数四舍五入。

③以“台”、“个”、“件”、“套”、“根”、“组”、“系统”等为单位，应取整数。

2）本书中各项目仅列出了主要工作内容，除另有规定和说明外，应视为已经包括完成该项目所列或未列的全部工作内容。

3）本书中电气设备安装工程适用于电气10kV以下的工程。

4）本书中电气设备安装工程与现行国家标准《市政工程工程量计算规范》GB 50857—2013路灯工程相关内容在执行上的划分界线如下：厂区、住宅小区的道路路灯安装工程、庭院艺术喷泉等电气设备安装工程按通用安装工程“电气设备安装工程”相应项目执行；涉及市政道路、市政庭院等电气安装工程的项目，按市政工程中“路灯工程”的相应项目执行。

5）本书中涉及管沟、坑及井类的土方开挖、垫层、基础、砌筑、抹灰、地沟盖板预制安装、回填、运输、路面开挖及修复、管道支墩的项目，按现行国家标准《房屋建筑与装饰工程工程量计算规范》GB 50854—2013和《市政工程工程量计算规范》GB 50857—2013的相应项目执行。

1.4.6 合同价款调整

1. 一般规定

1）下列事项（但不限于）发生，发承包双方应当按照合同约定调整合同价款：

①法律法规变化。

②工程变更。

③项目特征不符。

④工程量清单缺项。

⑤工程量偏差。

⑥计日工。

⑦物价变化。

⑧暂估价。

⑨不可抗力。

⑩提前竣工（赶工补偿）。

⑪误期赔偿。

⑫索赔。

⑬现场签证。

⑭暂列金额。

⑮发承包双方约定的其他调整事项。

2）出现合同价款调增事项（不含工程量偏差、计日工、现场签证、索赔）后的14天内，承包人应向发包人提交合同价款调增报告并附上相关资料；承包人在14天内未提交合同价款调增报告的，应视为承包人对该事项不存在调整价款请求。

3）出现合同价款调减事项（不含工程量偏差、索赔）后的14天内，发包人应向承包人提交合同价款调减报告并附相关资料；发包人在14天内未提交合同价款调减报告的，应视为发包人对该事项不存在调整价款请求。

4）发（承）包人应在收到承（发）包人合同价款调增（减）报告及相关资料之日起14天内对其核实，予以确认的应书面通知承（发）包人。当有疑问时，应向承（发）包人提出协商意见。发（承）包人在收到合同价款调增（减）报告之日起14天内未确认也未提出协商意见的，应视为承（发）包人提交的合同价款调增（减）报告已被发（承）包人认可。发（承）包人提出协商意见的，承（发）包人应在收到协商意见后的14天内对其核实，予以确认的应书面通知发（承）包人。承（发）包人在收到发（承）包人的协商意见后14天内既不确认也未提出不同意见的，应视为发（承）包人提出的意见已被承（发）包人认可。

5）发包人与承包人对合同价款调整的不同意见不能达成一致的，只要对发承包双方履约不产生实质影响，双方应继续履行合同义务，直到其按照合同约定的争议解决方式得到处理。

6）经发承包双方确认调整的合同价款，作为追加（减）合同价款，应与工程进度款或结算款同期支付。

2. 法律法规变化

1）招标工程以投标截止日前28天、非招标工程以合同签订前28天为基准日，其后因国家的法律、法规、规章和政策发生变化引起工程造价增减变化的，发承包双方应按照省级或行业建设主管部门或其授权的工程造价管理机构据此发布的规定调整合同价款。

2）因承包人原因导致工期延误的，按上述第1）款规定的调整时间，在合同工程原定竣工时间之后，合同价款调增的不予调整，合同价款调减的予以调整。

3. 工程变更

1）因工程变更引起已标价工程量清单项目或其工程数量发生变化时，应按照下列规定调整：

①已标价工程量清单中有适用于变更工程项目的，应采用该项目的单价；但当工程变更导致该清单项目的工程数量发生变化，且工程量偏差超过15%时，该项目单价应按“1.4.6　合同价款调整”第6条“工程量偏差”2）条的规定调整。

②已标价工程量清单中没有适用但有类似于变更工程项目的，可在合理范围内参照类似项目的单价。

③已标价工程量清单中没有适用也没有类似于变更工程项目的，应由承包人根据变更工程资料、计量规则和计价办法、工程造价管理机构发布的信息价格和承包人报价浮动率提出变更工程项目的单价，并应报发包人确认后调整。承包人报价浮动率可按下列公式计算：

招标工程：

$$承包人报价浮动率L=(1-中标价/招标控制价)\times100\% \tag{1-5}$$

非招标工程：

$$承包人报价浮动率L=(1-报价/施工图预算)\times100\% \tag{1-6}$$

④已标价工程量清单中没有适用也没有类似于变更工程项目，且工程造价管理机构发布的信息价格缺价的，应由承包人根据变更工程资料、计量规则、计价办法和通过市场调查等取得有合法依据的市场价格提出变更工程项目的单价，并应报发包人确认后调整。

2）工程变更引起施工方案改变并使措施项目发生变化时，承包人提出调整措施项目费的，应事先将拟实施的方案提交发包人确认，并应详细说明与原方案措施项目相比的变化情况。拟实施的方案经发承包双方确认后执行，并应按照下列规定调整措施项目费：

①安全文明施工费应按照实际发生变化的措施项目按“1.4.1　一般规定”第1款“计价方式”5）的规定计算。

②采用单价计算的措施项目费，应按照实际发生变化的措施项目，按上述1）的规定确定单价。

③按总价（或系数）计算的措施项目费，按照实际发生变化的措施项目费调整，但应考虑承包人报价浮动因素，即调整金额按照实际调整金额乘以上述第1）款规定的承包人报价浮动率计算。

如果承包人未事先将拟实施的方案提交给发包人确认，则应视为工程变更不引起措施项目费的调整或承包人放弃调整措施项目费的权利。

3）当发包人提出的工程变更因非承包人原因删减了合同中的某项原定工作或工程，致使承包人发生的费用或（和）得到的收益不能被包括在其他已支付或应支付的项目中，也未被包含在任何替代的工作或工程中时，承包人有权提出并应得到合理的费用及利润补偿。

4. 项目特征不符

1）发包人在招标工程量清单中对项目特征的描述，应被认为是准确的和全面的，并且与实际施工要求相符合。承包人应按照发包人提供的招标工程量清单，根据项目特征描述的内容及有关要求实施合同工程，直到项目被改变为止。

2）承包人应按照发包人提供的设计图纸实施合同工程，若在合同履行期间出现设计图纸（含设计变更）与招标工程量清单任一项目的特征描述不符，且该变化引起该项目工程造价增减变化的，应按照实际施工的项目特征，按“1.4.6　合同价款调整”第3款“工程变更”的相关条款的规定重新确定相应工程量清单项目的综合单价，并调整合同价款。

5. 工程量清单缺项

1）合同履行期间，由于招标工程量清单中缺项，新增分部分项工程清单项目的，应按“1.4.6　合同价款调整”第3款“工程变更”1）的规定确定单价，并调整合同价款。

2）新增分部分项工程清单项目后，引起措施项目发生变化的，应按“1.4.6　合同价款调整”第3款“工程变更”2）的规定，在承包人提交的实施方案被发包人批准后调整合同价款。

3）由于招标工程量清单中措施项目缺项，承包人应将新增措施项目实施方案提交发包人批准后，按“1.4.6　合同价款调整”第3款“工程变更”1）、2）的规定调整合同价款。

6. 工程量偏差

1）合同履行期间，当应予计算的实际工程量与招标工程量清单出现偏差，且符合下述2）3）的规定时，发承包双方应调整合同价款。

2）对于任一招标工程量清单项目，当因本节规定的工程量偏差和“工程变更”规定的工程变更等原因导致工程量偏差超过15%时，可进行调整。当工程量增加15%以上时，增加部分的工程量的综合单价应予调低；当工程量减少15%以上时，减少后剩余部分的工程量的综合单价应予调高。

3）当工程量出现上述第2）项的变化，且该变化引起相关措施项目相应发生变化时，按系数或单一总价方式计价的工程量增加的措施项目费调增，工程量减少的措施项目费调减。

7. 计日工

1）发包人通知承包人以计日工方式实施的零星工作，承包人应予执行。

2）采用计日工计价的任何一项变更工作，在该项变更的实施过程中，承包人应按合同约定提交下列报表和有关凭证送发包人复核。

①工作名称、内容和数量。

②投入该工作所有人员的姓名、工种、级别和耗用工时。

③投入该工作的材料名称、类别和数量。

④投入该工作的施工设备型号、台数和耗用台时。

⑥发包人要求提交的其他资料和凭证。

3）任一计日工项目持续进行时，承包人应在该项工作实施结束后的24小时内向发包人提交有计日工记录汇总的现场签证报告一式三份。发包人在收到承包人提交现场签证报告后的2天内予以确认并将其中一份返还给承包人，作为计日工计价和支付的依据。发包人逾期未确认也未提出修改意见的，应视为承包人提交的现场签证报告已被发包人认可。

4）任一计日工项目实施结束后，承包人应按照确认的计日工现场签证报告核实该类项目的工程数量，并应根据核实的工程数量和承包人已标价工程量清单中的计日工单价计算，提出应付价款；已标价工程量清单中没有该类计日工单价的，由发承包双方按“1.4.6　合同价款调整”第3款“工程变更”的规定商定计日工单价计算。

5）每个支付期末，承包人应按“1.4.6　合同价款调整”第10款“不可抗力”的3）的规定向发包人提交本期间所有计日工记录的签证汇总表，并应说明本期间自己认为有权得到的计日工金额，调整合同价款，列入进度款支付。

8. 物价变化

1）合同履行期间，因人工、材料、工程设备、机械台班价格波动影响合同价款时，应根据合同约定，按附录A的方法之一调整合同价款。

2）承包人采购材料和工程设备的，应在合同中约定主要材料、工程设备价格变化的范围或幅度；当没有约定，且材料、工程设备单价变化超过5%时，超过部分的价格应按照附录A的方法计算调整材料、工程设备费。

3）发生合同工程工期延误的，应按照下列规定确定合同履行期的价格调整：

①因非承包人原因导致工期延误的，计划进度日期后续工程的价格，应采用计划进度日期与实际进度日期两者的较高者。

②因承包人原因导致工期延误的，计划进度日期后续工程的价格，应采用计划进度日期与实际进度日期两者的较低者。

4）发包人供应材料和工程设备的，不适用上述第1）、2）项规定，应由发包人按照实际变化调整，列入合同工程的工程造价内。

9. 暂估价

1）发包人在招标工程量清单中给定暂估价的材料、工程设备属于依法必须招标的，应由发承包双方以招标的方式选择供应商，确定价格，并应以此为依据取代暂估价，调整合同价款。

2）发包人在招标工程量清单中给定暂估价的材料、工程设备不属于依法必须招标的，应由承包人按照合同约定采购，经发包人确认单价后取代暂估价，调整合同价款。

3）发包人在工程量清单中给定暂估价的专业工程不属于依法必须招标的，应按“1.4.6 合同价款调整”第3款“工程变更”相应条款的规定确定专业工程价款，并应以此为依据取代专业工程暂估价，调整合同价款。

4）发包人在招标工程量清单中给定暂估价的专业工程，依法必须招标的，应当由发承包双方依法组织招标选择专业分包人，并接受有管辖权的建设工程招标投标管理机构的监督，还应符合下列要求：

①除合同另有约定外，承包人不参加投标的专业工程发包招标，应由承包人作为招标人，但拟定的招标文件、评标工作、评标结果应报送发包人批准。与组织招标工作有关的费用应当被认为已经包括在承包人的签约合同价（投标总报价）中。

②承包人参加投标的专业工程发包招标，应由发包人作为招标人，与组织招标工作有关的费用由发包人承担。同等条件下，应优先选择承包人中标。

③应以专业工程发包中标价为依据取代专业工程暂估价，调整合同价款。

10. 不可抗力

1）因不可抗力事件导致的人员伤亡、财产损失及其费用增加，发承包双方应按下列原则分别承担并调整合同价款和工期：

①合同工程本身的损害、因工程损害导致第三方人员伤亡和财产损失以及运至施工场地用于施工的材料和待安装的设备的损害，应由发包人承担。

②发包人、承包人人员伤亡应由其所在单位负责，并应承担相应费用。

③承包人的施工机械设备损坏及停工损失，应由承包人承担。

④停工期间，承包人应发包人要求留在施工场地的必要的管理人员及保卫人员的费用应由发包人承担。

⑥工程所需清理、修复费用，应由发包人承担。

2）不可抗力解除后复工的，若不能按期竣工，应合理延长工期。发包人要求赶工的，赶工费用应由发包人承担。

3）因不可抗力解除合同的，应按“1.4.6 合同价款调整”第12款“误期赔偿”2）的规定办理。

11. 提前竣工（赶工补偿）

1）招标人应依据相关工程的工期定额合理计算工期，压缩的工期天数不得超过定额工期的20%，超过者，应在招标文件中明示增加赶工费用。

2）发包人要求合同工程提前竣工的，应征得承包人同意后与承包人商定采取加快工程进度的措施，并应修订合同工程进度计划。发包人应承担承包人由此增加的提前竣工（赶工补偿）费用。

3）发承包双方应在合同中约定提前竣工每日历天应补偿额度，此项费用应作为增加合同价款列入竣工结算文件中，应与结算款一并支付。

12. 误期赔偿

1）承包人未按照合同约定施工，导致实际进度迟于计划进度的，承包人应加快进度，实现合同工期。合同工程发生误期，承包人应赔偿发包人由此造成的损失，并应按照合同约定向发包人支付误期赔偿费。即使承包人支付误期赔偿费，也不能免除承包人按照合同约定应承担的任何责任和应履行的任何义务。

2）发承包双方应在合同中约定误期赔偿费，并应明确每日历天应赔额度。误期赔偿费应列入竣工结算文件中，并应在结算款中扣除。

3）在工程竣工之前，合同工程内的某单项（位）工程已通过了竣工验收，且该单项（位）工程接收证书中表明的竣工日期并未延误，而是合同工程的其他部分产生了工期延误时，误期赔偿费应按照已颁发工程接收证书的单项（位）工程造价占合同价款的比例幅度予以扣减。

13. 索赔

1）当合同一方向另一方提出索赔时，应有正当的索赔理由和有效证据，并应符合合同的相关约定。

2）根据合同约定，承包人认为非承包人原因发生的事件造成了承包人的损失，应按下列程序向发包人提出索赔：

①承包人应在知道或应当知道索赔事件发生后28天内，向发包人提交索赔意向通知书，说明发生索赔事件的事由。承包人逾期未发出索赔意向通知书的，丧失索赔的权利。

②承包人应在发出索赔意向通知书后28天内，向发包人正式提交索赔通知书。索赔通知书应详细说明索赔理由和要求，并应附必要的记录和证明材料。

③索赔事件具有连续影响的，承包人应继续提交延续索赔通知，说明连续影响的实际情况和记录。

④在索赔事件影响结束后的28天内，承包人应向发包人提交最终索赔通知书，说明最终索赔要求，并应附必要的记录和证明材料。

3）承包人索赔应按下列程序处理：

①发包人收到承包人的索赔通知书后，应及时查验承包人的记录和证明材料。

②发包人应在收到索赔通知书或有关索赔的进一步证明材料后的28天内，将索赔处理结果答复承包人，如果发包人逾期未做出答复，视为承包人索赔要求已被发包人认可。

③承包人接受索赔处理结果的，索赔款项应作为增加合同价款，在当期进度款中进行支付，承包人不接受索赔处理结果的，应按合同约定的争议解决方式办理。

4）承包人要求赔偿时，可以选择下列一项或几项方式获得赔偿：

①延长工期。

②要求发包人支付实际发生的额外费用。

③要求发包人支付合理的预期利润。

④要求发包人按合同的约定支付违约金。

5）当承包人的费用索赔与工期索赔要求相关联时，发包人在做出费用索赔的批准决定时，应结合工程延期，综合做出费用赔偿和工程延期的决定。

6）发承包双方在按合同约定办理了竣工结算后，应被认为承包人已无权再提出竣工结算前所产生的任何索赔。承包人在提交的最终结清申请中，只限于提出竣工结算后的索赔，提出索赔的期限应发承包双方最终结清时终止。

7）根据合同约定，发包人认为由于承包人的原因造成发包人的损失，宜按承包人索赔的程序进行索赔。

8）发包人要求赔偿时，可以选择下列一项或几项方式获得赔偿：

①延长质量缺陷修复期限。

②要求承包人支付实际发生的额外费用。

③要求承包人按合同的约定支付违约金。

9）承包人应付给发包人的索赔金额可从拟支付给承包人的合同价款中扣除，或由承包人以其一方式支付给发包人。

14. 现场签证

1）承包人应发包人要求完成合同以外的零星项目、非承包人责任事件等工作的，发包人应及时以书面形式向承包人发出指令，并应提供所需的相关资料；承包人在收到指令后，应及时向发包人提出现场签证要求。

2）承包人应在收到发包人指令后的7天内向发包人提交现场签证报告，发包人应在收到现场签证报告后的48小时内对报告内容进行核实，予以确认或提出修改意见。发包人在收到承包人现场签证报告后的48小时内未确认也未提出修改意见的，应视为承包人提交的现场签证报告已被发包人认可。

3）现场签证的工作如已有相应的计日工单价，现场签证中应列明完成该类项目所需的人工、材料、工程设备和施工机械台班的数量。

如现场签证的工作没有相应的计日工单价，应在现场签证报告中列明完成该签证工作所需的人工、材料、设备和施工机械台班的数量及单价。

4）合同工程发生现场签证事项，未经发包人签证确认，承包人便擅自施工的，除非征得发包人的同意，否则发生的费用应由承包人承担。

5）现场签证工作完成后的7天内，承包人应按照现场签证内容计算价款，报送发包人确认后，为增加合同价款，与进度款同期支付。

6）在施工过程中，当发现合同工程内容因场地条件、地质水文、发包人要求等不一致时，承包人提供所需的相关资料，并提交发包人签证认可，作为合同价款调整的依据。

15. 暂列金额

1）已签约合同价中的暂列金额应由发包人掌握使用。

2）发包人按“1.4.6　合同价款调整”第1款“一般规定”至第14款“现场签证”的规定支付后，暂列金额余额应归发包人所有。

1.4.7 合同价款期中支付

1. 预付款

1）承包人应将预付款专用于合同工程。

2）包工包料工程的预付款的支付比例不得低于签约合同价（扣除暂列金额）的10%，不宜高于签约合同价（扣除暂列金额）的30%。

3）承包人应在签订合同或向发包人提供与预付款等额的预付款保函后向发包人提交预付款支付申请。

4）发包人应在收到支付申请的7天内进行核实，向承包人发出预付款支付证书，并在签发支付证书后的7天内向承包人支付预付款。

5）发包人没有按合同约定按时支付预付款的，承包人可催告发包人支付；发包人在预付款期满后的7天内仍未支付的，承包人可在付款期满后的第8天起暂停施工。发包人应承担由此增加的费用和延误的工期，并应向承包人支付合理利润。

6）预付款应从每一个支付期应支付给承包人的工程进度款中扣回，直到扣回的金额达到合同约定的预付款金额为止。

7）承包人的预付款保函的担保金额根据预付款扣回的数额相应递减，但在预付款全部扣回之前一直保持有效。发包人应在预付款扣完后的14天内将预付款保函退还给承包人。

2. 安全文明施工费

1）安全文明施工费包括的内容和使用范围，应符合国家有关文件和计量规范的规定。

2）发包人应在工程开工后的28天内预付不低于当年施工进度计划的安全文明施工费总额的60%，其余部分应按照提前安排的原则进行分解，并应与进度款同期支付。

3）发包人没有按时支付安全文明施工费的，承包人可催告发包人支付；发包人在付款期满后的7天内仍未支付的，若发生安全事故，发包人应承担相应责任。

4）承包人对安全文明施工费应专款专用，在财务账目中应单独列项备查，不得挪作他用，否则发包人有权要求其限期改正；逾期未改正的，造成的损失和延误的工期应由承包人承担。

3. 进度款

1）发承包双方应按照合同约定的时间、程序和方法，根据工程计量结果，办理期中价款结算，支付进度款。

2）进度款支付周期应与合同约定的工程计量周期一致。

3）已标价工程量清单中的单价项目，承包人应按工程计量确认的工程量与综合单价计算；综合单价发生调整的，以发承包双方确认调整的综合单价计算进度款。

4）已标价工程量清单中的总价项目和按“1.4.5 工程计量”第3款“总价合同的计量”中2）规定形成的总价合同，承包人应按合同中约定的进度款支付分解，分别列入进度款支付申请中的安全文明施工费和本周期应支付的总价项目的金额中。

5）发包人提供的甲供材料金额，应按照发包人签约提供的单价和数量从进度款支付中扣除，列入本周期应扣减的金额中。

6）承包人现场签证和得到发包人确认的索赔金额应列入本周期应增加的金额中。

7）进度款的支付比例按照合同约定，按期中结算价款总额计，不低于60%，不高于90%。

8）承包人应在每个计量周期到期后的7天内向发包人提交已完工程进度款支付申请一式四份详细说明此周期认为有权得到的款额，包括分包人已完工程的价款。支付申请应包括下列内容：

①累计已完成的合同价款。

②累计已实际支付的合同价款。

③本周期合计完成的合同价款。

a. 本周期已完成单价项目的金额。

b. 本周期应支付的总价项目的金额。

c. 本周期已完成的计日工价款。

d. 本周期应支付的安全文明施工费。

e. 本周期应增加的金额。

④本周期合计应扣减的金额。

a. 本周期应扣回的预付款。

b. 本周期应扣减的金额。

⑤本周期实际应支付的合同价款。

9）发包人应在收到承包人进度款支付申请后的14天内，根据计量结果和合同约定对申请内容予以核实，确认后向承包人出具进度款支付证书。若发承包双方对部分清单项目的计量结果出现争议，发包人应对无争议部分的工程计量结果向承包人出具进度款支付证书。

10）发包人应在签发进度款支付证书后的14天内，按照支付证书列明的金额向承包人支付进度款。

11）若发包人逾期未签发进度款支付证书，则视为承包人提交的进度款支付申请已被发包人认可，承包人可向发包人发出催告付款的通知。发包人应在收到通知后的14天内，按照承包人支付申请的金额向承包人支付进度款。

12）发包人未按照上述9）到11）项的规定支付进度款的，承包人可催告发包人支付，并有权获得延迟支付的利息；发包人在付款期满后的7天内仍未支付的，承包人可在付款期满后的第8天起暂停施工。发包人应承担由此增加的费用和延误的工期，向承包人支付合理利润，并应承担违约责任。

13）发现已签发的任何支付证书有错、漏或重复的数额，发包人有权予以修正，承包人也有权提出修正申请。经发承包双方复核同意修正的，应在本次到期的进度款中支付或扣除。

1.4.8　竣工结算与支付

1. 一般规定

1）工程完工后，发承包双方必须在合同约定时间内办理工程竣工结算。

2）工程竣工结算应由承包人或受其委托具有相应资质的工程造价咨询人编制，并应由发包人或受其委托具有相应资质的工程造价咨询人核对。

3）当发承包双方或一方对工程造价咨询人出具的竣工结算文件有异议时，可向工程造价管理机构投诉，申请对其进行执业质量鉴定。

4）工程造价管理机构对投诉的竣工结算文件进行质量鉴定，宜按“1.4.11　工程造价鉴定”的相关规定进行。

5）竣工结算办理完毕，发包人应将竣工结算文件报送工程所在地或有该工程管辖权的行业管理部门的工程造价管理机构备案，竣工结算文件应作为工程竣工验收备案、交付使用的必备文件。

2. 编制与复核

1）工程竣工结算应根据下列依据编制和复核：

①《建设工程工程量清单计价规范》GB 50500—2013。

②工程合同。

③发承包双方实施过程中已确认的工程量及其结算的合同价款。

④发承包双方实施过程中已确认调整后追加（减）的合同价款。

⑤建设工程设计文件及相关资料。

⑥投标文件。

⑦其他依据。

2）分部分项工程和措施项目中的单价项目应依据发承包双方确认的工程量与已标价工程量清单的综合单价计算；发生调整的，应以发承包双方确认调整的综合单价计算。

3）措施项目中的总价项目应依据已标价工程量清单的项目和金额计算；发生调整的，应以发承包双方确认调整的金额计算，其中安全文明施工费应按“1.4.1　一般规定”中5）的规定计算。

4）其他项目应按下列规定计价：

①计日工应按发包人实际签证确认的事项计算。

②暂估价应按“1.4.6　合同价款调整”第9款“暂估价”的规定计算。

③总承包服务费应依据已标价工程量清单金额计算；发生调整的，应以发承包双方确认调整的金额计算。

④索赔费用应依据发承包双方确认的索赔事项和金额计算。

⑤现场签证费用应依据发承包双方签证资料确认的金额计算。

⑥暂列金额应减去合同价款调整（包括索赔、现场签证）金额计算，如有余额归发包人。

5）规费和税金应按“1.4.1　一般规定”中6）的规定计算。规费中的工程排污费应按工程所在地环境保护部门规定的标准缴纳后按实列入。

6）发承包双方在合同工程实施过程中已经确认的工程计量结果和合同价款，在竣工结算办理中应直接进入结算。

3. 竣工结算

1）合同工程完工后，承包人应在经发承包双方确认的合同工程期中价款结算的基础上汇总编制完成竣工结算文件，应在提交竣工验收申请的同时向发包人提交竣工结算文件。

承包人未在合同约定的时间内提交竣工结算文件，经发包人催告后14天内仍未提交或没有明确答复的，发包人有权根据已有资料编制竣工结算文件，作为办理竣工结算和支付结算款的依据，承包人应予以认可。

2）发包人应在收到承包人提交的竣工结算文件后的28天内核对。发包人经核实，认为承包人还应进一步补充资料和修改结算文件，应在上述时限内向承包人提出核实意见，承包人在收到核实意见后的28天内应按照发包人提出的合理要求补充资料，修改竣工结算文件，并应再次提交给发包人复核后批准。

3）发包人应在收到承包人再次提交的竣工结算文件后的28天内予以复核，将复核结果通知承包人，并应遵守下列规定：

①发包人、承包人对复核结果无异议的，应在7天内在竣工结算文件上签字确认，竣工结算办理完毕。

②发包人或承包人对复核结果认为有误的，无异议部分按照上述第1）条规定办理不完全竣工结算；有异议部分由发承包双方协商解决；协商不成的，应按照合同约定的争议解决方式处理。

4）发包人在收到承包人竣工结算文件后的28天内，不核对竣工结算或未提出核对意见的，应视为承包人提交的竣工结算文件已被发包人认可，竣工结算办理完毕。

5）承包人在收到发包人提出的核实意见后的28天内，不确认也未提出异议的，应视为发包人提出的核实意见已被承包人认可，竣工结算办理完毕。

6）发包人委托工程造价咨询人核对竣工结算的，工程造价咨询人应在28天内核对完毕，核对结论与承包人竣工结算文件不一致的，应提交给承包人复核；承包人应在14天内将同意核对结论或不同意见的说明提交工程造价咨询人。工程造价咨询人收到承包人提出的异议后，应再次复核，复核无异议的，应按上述3）中①的规定办理，复核后仍有异议的，按上述3）中②的规定办理。

承包人逾期未提出书面异议的，应视为工程造价咨询人核对的竣工结算文件已经承包人认可。

7）对发包人或发包人委托的工程造价咨询人指派的专业人员与承包人指派的专业人员经核对后无异议并签名确认的竣工结算文件，除非发承包人能提出具体、详细的不同意见，发承包人都应在竣工结算文件上签名确认，如其中一方拒不签认的，按下列规定办理：

①若发包人拒不签认的，承包人可不提供竣工验收备案资料，并有权拒绝与发包人或其上级部门委托的工程造价咨询人重新核对竣工结算文件。

②若承包人拒不签认的，发包人要求办理竣工验收备案的，承包人不得拒绝提供竣工验收资料，否则，由此造成的损失，承包人承担相应责任。

8）合同工程竣工结算核对完成，发承包双方签字确认后，发包人不得要求承包人与另一个或多个工程造价咨询人重复核对竣工结算。

9）发包人对工程质量有异议，拒绝办理工程竣工结算的，已竣工验收或已竣工未验收但实际投入使用的工程，其质量争议应按该工程保修合同执行，竣工结算应按合同约定办理；已竣工未验收且未实际投入使用的工程以及停工、停建工程的质量争议，双方应就有争议的部分委托有资质的检测鉴定机构进行检测，并应根据检测结果确定解决方案，或按工程质量监督机构的处理决定执行后办理竣工结算，无争议部分的竣工结算应按合同约定办理。

4. 结算款支付

1）承包人应根据办理的竣工结算文件向发包人提交竣工结算款支付申请。申请应包括下列内容：

①竣工结算合同价款总额。

②累计已实际支付的合同价款。

③应预留的质量保证金。

④实际应支付的竣工结算款金额。

2）发包人应在收到承包人提交竣工结算款支付申请后7天内予以核实，向承包人签发竣工结算支付证书。

3）发包人签发竣工结算支付证书后的14天内，应按照竣工结算支付证书列明的金额向承包人支付结算款。

4）发包人在收到承包人提交的竣工结算款支付申请后7天内不予核实，不向承包人签发竣工结算支付证书的，视为承包人的竣工结算款支付申请已被发包人认可；发包人应在收到承包人提交的竣工结算款支付申请7天后的14天内，按照承包人提交的竣工结算款支付申请列明的金额向承包人支付结算款。

5）发包人未按照上述3）、4）规定支付竣工结算款的，承包人可催告发包人支付，并有权获得延迟支付的利息。发包人在竣工结算支付证书签发后或者在收到承包人提交的竣工结算款支付申请7天后的56天内仍未支付的，除法律另有规定外，承包人可与发包人协商将该工程折价，也可直接向人民法院申请将该工程依法拍卖。承包人应就该工程折价或拍卖的价款优先受偿。

5. 质量保证金

1）发包人应按照合同约定的质量保证金比例从结算款中预留质量保证金。

2）承包人未按照合同约定履行属于自身责任的工程缺陷修复义务的，发包人有权从质量保证金中扣除用于缺陷修复的各项支出。经查验，工程缺陷属于发包人原因造成的，应由发包人承担查验和缺陷修复的费用。

3）在合同约定的缺陷责任期终止后，发包人应按“1.4.8 竣工结算与支付”第6款“最终结清”的规定，将剩余的质量保证金返还给承包人。

6. 最终结清

1）缺陷责任期终止后，承包人应按照合同约定向发包人提交最终结清支付申请。发包人对最终结清支付申请有异议的，有权要求承包人进行修正和提供补充资料。承包人修正后，应再次向发包人提交修正后的最终结清支付申请。

2）发包人应在收到最终结清支付申请后的14天内予以核实，并应向承包人签发最终结清支付证书。

3）发包人应在签发最终结清支付证书后的14天内，按照最终结清支付证书列明的金额向承包人支付最终结清款。

4）发包人未在约定的时间内核实，又未提出具体意见的，应视为承包人提交的最终结清支付申请已被发包人认可。

5）发包人未按期最终结清支付的，承包人可催告发包人支付，并有权获得延迟支付的利息。

6）最终结清时，承包人被预留的质量保证金不足以抵减发包人工程缺陷修复费用的，承包人应承担不足部分的补偿责任。

7）承包人对发包人支付的最终结清款有异议的，应按照合同约定的争议解决方式处理。

1.4.9　合同解除的价款结算与支付

1）发承包双方协商一致解除合同的，应按照达成的协议办理结算和支付合同价款。

2）由于不可抗力致使合同无法履行解除合同的，发包人应向承包人支付合同解除之日前已完成工程但尚未支付的合同价款，此外，还应支付下列金额：

①“1.4.6　合同价款调整中”第11款“提前竣工（赶工补偿）”1）的规定的由发包人承担的费用。

②已实施或部分实施的措施项目应付价款。

③承包人为合同工程合理订购且已交付的材料和工程设备货款。

④承包人撤离现场所需的合理费用，包括员工遣送费和临时工程拆除、施工设备运离现场的费用。

⑤承包人为完成合同工程而预期开支的任何合理费用，且该项费用未包括在本款其他各项支付之内。发承包双方办理结算合同价款时，应扣除合同解除之日前发包人应向承包人收回的价款。当发包人应扣除的金额超过了应支付的金额，承包人应在合同解除后的56天内将其差额退还给发包人。

3）因承包人违约解除合同的，发包人应暂停向承包人支付任何价款。发包人应在合同解除后28天内核实合同解除时承包人已完成的全部合同价款以及按施工进度计划已运至现场的材料和工程设备货款，按合同约定核算承包人应支付的违约金以及造成损失的索赔金额，并将结果通知承包人。发承包双方应在28天内予以确认或提出意见，并应办理结算合同价款。如果发包人应扣除的金额超过了应支付的金额，承包人应在合同解除后的56天内将其差额退还给发包人。发承包双方不能就解除合同后的结算达成一致的，按照合同约定的争议解决方式处理。

4）因发包人违约解除合同的，发包人除应按照上述2）的规定向承包人支付各项价款外，应按合同约定核算发包人应支付的违约金以及给承包人造成损失或损害的索赔金额费用。该笔费用应由承包人提出，发包人核实后应与承包人协商确定后的7天内向承包人签发支付证书。协商不能达成一致的，应按照合同约定的争议解决方式处理。

1.4.10　合同价款争议的解决

1. 监理或造价工程师暂定

1）若发包人和承包人之间就工程质量、进度、价款支付与扣除、工期延期、索赔、价款调整等发生任何法律上、经济上或技术上的争议，首先应根据已签约合同的规定，提交合同约定职责范围内的总监理工程师或造价工程师解决，并应抄送另一方。总监理工程师或造价工程师在收到此提交件后14天内应将暂定结果通知发包人和承包人。发承包双方对暂定结果认可的，应以书面形式予以确认，暂定结果成为最终决定。

2）发承包双方在收到总监理工程师或造价工程师的暂定结果通知之后的14天内未对暂定结果予以确认也未提出不同意见的，应视为发承包双方已认可该暂定结果。

3）发承包双方或一方不同意暂定结果的，应以书面形式向总监理工程师或造价工程师提出，说明自己认为正确的结果，同时抄送另一方，此时该暂定结果成为争议。在暂定结果对发承包双方当事人履约不产生实质影响的前提下，发承包双方应实施该结果，直到按照发承包双方认可的争议解决办法被改变为止。

2. 管理机构的解释或认定

1）合同价款争议发生后，发承包双方可就工程计价依据的争议以书面形式提请工程造价管理机构对争议以书面文件进行解释或认定。

2）工程造价管理机构应在收到申请的10个工作日内就发承包双方提请的争议问题进行解释或认定。

3）发承包双方或一方在收到工程造价管理机构书面解释或认定后仍可按照合同约定的争议解决方式提请仲裁或诉讼。除工程造价管理机构的上级管理部门做出了不同的解释或认定，或在仲裁裁决或法院判决中不予采信的外，工程造价管理机构做出的书面解释或认定应为最终结果，并应对发承包双方均有约束力。

3. 协商和解

1）合同价款争议发生后，发承包双方任何时候都可以进行协商。协商达成一致的，双方应签订书面和解协议，和解协议对发承包双方均有约束力。

2）如果协商不能达成一致协议，发包人或承包人都可以按合同约定的其他方式解决争议。

4. 调解

1）发承包双方应在合同中约定或在合同签订后共同约定争议调解人，负责双方在合同履行过程中发生争议的调解。

2）合同履行期间，发承包双方可协议调换或终止任何调解人，但发包人或承包人都不能单独采取行动。除非双方另有协议，在最终结清支付证书生效后，调解人的任期应即终止。

3）如果发承包双方发生了争议，任何一方可将该争议以书面形式提交调解人，并将副本抄送另一方，委托调解人调解。

4）发承包双方应按照调解人提出的要求，给调解人提供所需要的资料、现场进入权及相应设施。调解人应被视为不是在进行仲裁人的工作。

5）调解人应在收到调解委托后28天内或由调解人建议并经发承包双方认可的其他期限内提出调解书，发承包双方接受调解书的，经双方签字后作为合同的补充文件，对发承包双方均具有约束力，双方都应立即遵照执行。

6）当发承包双方中任一方对调解人的调解书有异议时，应在收到调解书后28天内向另一方发出异议通知，并应说明争议的事项和理由。但除非并直到调解书在协商和解或仲裁裁决、诉讼判决中做出修改，或合同已经解除，承包人应继续按照合同实施工程。

7）当调解人已就争议事项向发承包双方提交了调解书，而任一方在收到调解书后28天内均未发出表示异议的通知时，调解书对发承包双方应均具有约束力。

5. 仲裁、诉讼

1）发承包双方的协商和解或调解均未达成一致意见，其中的一方已就此争议事项根据合同约定的仲裁协议申请仲裁，应同时通知另一方。

2）仲裁可在竣工之前或之后进行，但发包人、承包人、调解人各自的义务不得因在工程实施期间进行仲裁而有所改变。当仲裁是在仲裁机构要求停止施工的情况下进行时，承包人应对合同工程采取保护措施，由此增加的费用应由败诉方承担。

3）在“1.4.10　合同价款争议的解决”第1款“监理或造价工程师暂定”至第4款“调解”规定的期限之内，暂定或和解协议或调解书已经有约束力的情况下，当发承包中一方未能遵守暂定或和解协议或调解书时，另一方可在不损害他可能具有的任何其他权利的情况下，将未能遵守暂定或不执行和解协议或调解书达成的事项提交仲裁。

4）发包人、承包人在履行合同时发生争议，双方不愿和解、调解或者和解、调解不成，又没有达成仲裁协议的，可依法向人民法院提起诉讼。

1.4.11　工程造价鉴定

1. 一般规定

1）在工程合同价款纠纷案件处理中，需做工程造价司法鉴定的，应委托具有相应资质的工程造价咨询人进行。

2）工程造价咨询人接受委托时提供工程造价司法鉴定服务，应按仲裁、诉讼程序和要求进行，并应符合国家关于司法鉴定的规定。

3）工程造价咨询人进行工程造价司法鉴定时，应指派专业对口、经验丰富的注册造价工程师承担鉴定工作。

4）工程造价咨询人应在收到工程造价司法鉴定资料后10天内，根据自身专业能力和证据资料判断能否胜任该项委托，如不能，应辞去该项委托。工程造价咨询人不得在鉴定期满后以上述理由不做出鉴定结论，影响案件处理。

5）接受工程造价司法鉴定委托的工程造价咨询人或造价工程师如是鉴定项目一方当事人的近亲属或代理人、咨询人以及其他关系可能影响鉴定公正的，应当自行回避；未自行回避，鉴定项目委托人以该理由要求其回避的，必须回避。

6）工程造价咨询人应当依法出庭接受鉴定项目当事人对工程造价司法鉴定意见书的质询。如确因特殊原因无法出庭的，经审理该鉴定项目的仲裁机关或人民法院准许，可以书面形式答复当事人的质询。

2. 取证

1）工程造价咨询人进行工程造价鉴定工作时，应自行收集以下（但不限于）鉴定资料。

①适用于鉴定项目的法律、法规、规章、规范性文件以及规范、标准、定额。

②鉴定项目同时期同类型工程的技术经济指标及其各类要素价格等。

2）工程造价咨询人收集鉴定项目的鉴定依据时，应向鉴定项目委托人提出具体书面要求，其内容包括：

①与鉴定项目相关的合同、协议及其附件。

②相应的施工图纸等技术经济文件。

③施工过程中的施工组织、质量、工期和造价等工程资料。

④存在争议的事实及各方当事人的理由。

⑤其他有关资料。

3）工程造价咨询人在鉴定过程中要求鉴定项目当事人对缺陷资料进行补充的，应征得鉴定项目委托人同意，或者协调鉴定项目各方当事人共同签认。

4）根据鉴定工作需要现场勘验的，工程造价咨询人应提请鉴定项目委托人组织各方当事人对被鉴定项目所涉及的实物标的进行现场勘验。

5）勘验现场应制作勘验记录、笔录或勘验图表，记录勘验的时间、地点、勘验人、在场人、勘验经过、结果，由勘验人、在场人签名或者盖章确认。绘制的现场图应注明绘制的时间、测绘人姓名、身份等内容。必要时应采取拍照或摄像取证，留下影像资料。

6）鉴定项目当事人未对现场勘验图表或勘验笔录等签字确认的，工程造价咨询人应提请鉴定项目委托人决定处理意见，并在鉴定意见书中做出表述。

3. 鉴定

1）工程造价咨询人在鉴定项目合同有效的情况下应根据合同约定进行鉴定，不得任意改变双方合法的合意。

2）工程造价咨询人在鉴定项目合同无效或合同条款约定不明确的情况下应根据国家法律法规、相关标准和《建设工程工程量清单计价规范》GB 50500—2013 的规定，选择相应专业工程的计价依据和方法进行鉴定。

3）工程造价咨询人出具正式鉴定意见书之前，可报请鉴定项目委托人向鉴定项目各方当事人发出鉴定意见书征求意见稿，并指明应书面答复的期限及其不答复的相应法律责任。

4）工程造价咨询人收到鉴定项目各方当事人对鉴定意见书征求意见稿的书面复函后，应对不同意见认真复核，修改完善后再出具正式鉴定意见书。

5）工程造价咨询人出具的工程造价鉴定书应包括下列内容：

①鉴定项目委托人名称、委托鉴定的内容。

②委托鉴定的证据材料。

③鉴定的依据及使用的专业技术手段。

④对鉴定过程的说明。

⑤明确的鉴定结论。

⑥ 其他需说明的事宜。

⑦工程造价咨询人盖章及注册造价工程师签名盖执业专用章。

6）工程造价咨询人应在委托鉴定项目的鉴定期限内完成鉴定工作，如确因特殊原因不能在原定期限内完成鉴定工作时，应按照相应法规提前向鉴定项目委托人申请延长鉴定期限，并应在此期限内完成鉴定工作。

经鉴定项目委托人同意等待鉴定项目当事人提交、补充证据的，质证所用的时间不应计入鉴定期限。

7）对于已经出具的正式鉴定意见书中有部分缺陷的鉴定结论，工程造价咨询人应通过补充鉴定做出补充结论。

1.4.12 工程计价资料与档案

1. 计价资料

1）发承包双方应当在合同中约定各自在合同工程中现场管理人员的职责范围，双方现场管理人员在职责范围内签字确认的书面文件是工程计价的有效凭证，但如有其他有效证据或经实证证明其是虚假的除外。

2）发承包双方不论在何种场合对与工程计价有关的事项所给予的批准、证明、同意、指令、商定、确定、确认、通知和请求，或表示同意、否定、提出要求和意见等，均应采用书面形式，口头指令不得作为计价凭证。

3）任何书面文件送达时，应由对方签收，通过邮寄应采用挂号、特快专递传送，或以发承包双方商定的电子传输方式发送，交付、传送或传输至指定的接收人的地址。如接收人通知了另外地址时，随后通信信息应按新地址发送。

4）发承包双方分别向对方发出的任何书面文件，均应将其抄送现场管理人员，如系复印件应加盖合同工程管理机构印章，证明与原件相同。双方现场管理人员向对方所发任何书面文件，也应将其复印件发送给发承包双方，复印件应加盖合同工程管理机构印章，证明与原件相同。

5）发承包双方均应当及时签收另一方送达其指定接收地点的来往信函，拒不签收的，送达信函的一方可以采用特快专递或者公证方式送达，所造成的费用增加（包括被迫采用特殊送达方式所发生的费用）和延误的工期由拒绝签收一方承担。

6）书面文件和通知不得扣压，一方能够提供证据证明另一方拒绝签收或已送达的，应视为对方已签收并应承担相应责任。

2. 计价档案

1）发承包双方以及工程造价咨询人对具有保存价值的各种载体的计价文件，均应收集齐全，整理立卷后归档。

2）发承包双方和工程造价咨询人应建立完善的工程计价档案管理制度，并应符合国家和有关部门发布的档案管理相关规定。

3）工程造价咨询人归档的计价文件，保存期不宜少于五年。

4）归档的工程计价成果文件应包括纸质原件和电子文件，其他归档文件及依据可为纸质原件、复印件或电子文件。

5）归档文件应经过分类整理，并应组成符合要求的案卷。

6）归档可以分阶段进行，也可以在项目竣工结算完成后进行。

7）向接受单位移交档案时，应编制移交清单，双方应签字、盖章后方可交接。

1.5 工程量清单计价表格与使用

1.5.1 计价表格组成

1. 工程计价文件封面

1）招标工程量清单封面：封-1；

2）招标控制价封面：封-2；
3）投标总价封面：封-3；
4）竣工结算书封面：封-4；
5）工程造价鉴定意见书封面：封-5；

2. 工程计价文件扉页

1）招标工程量清单扉页：扉-1；
2）招标控制价扉页：扉-2；
3）投标总价扉页：扉-3；
4）竣工结算总价扉页：扉-4；
5）工程造价鉴定意见书扉页：扉-5。

3. 工程计价总说明

总说明：表-01。

4. 工程计价汇总表

1）建设项目招标控制价/投标报价汇总表：表-02；
2）单项工程招标控制价/投标报价汇总表：表-03；
3）单位工程招标控制价/投标报价汇总表：表-04；
4）建设项目竣工结算汇总表：表-05；
5）单项工程竣工结算汇总表：表-06；
6）单位工程竣工结算汇总表：表-07。

5. 分部分项工程和措施项目计价表

1）分部分项工程和单价措施项目清单与计价表：表-08；
2）综合单价分析表：表-09；
3）综合单价调整表：表-10；
4）总价措施项目清单与计价表：表-11；

6. 其他项目计价表

1）其他项目清单与计价汇总表：表-12；
2）暂列金额明细表：表-12-1；
3）材料（工程设备）暂估单价及调整表：表-12-2；
4）专业工程暂估价及结算价表：表-12-3；
5）计日工表：表-12-4；
6）总承包服务费计价表：表-12-5；
7）索赔与现场签证计价汇总表：表-12-6；
8）费用索赔申请（核准）表：表-12-7；
9）现场签证表：表-12-8。

7. 规费、税金项目计价表

规费、税金项目计价表：表-13。

8. 工程计量申请（核准）表

工程计量申请（核准）表：表-14。

9. 合同价款支付申请（核准）表

1）预付款支付申请（核准）表：表-15；

2）总价项目进度款支付分解表：表-16；

3）进度款支付申请（核准）表：表-17；

4）竣工结算款支付申请（核准）表：表-18；

5）最终结清支付申请（核准）表：表-19。

10. 主要材料、工程设备一览表

1）发包人提供材料和工程设备一览表：表-20；

2）承包人提供主要材料和工程设备一览表（适用于造价信息差额调整法）：表-21；

3）承包人提供主要材料和工程设备一览表（适用于价格指数差额调整法）：表-22。

1.5.2 计价表格使用规定

1）工程计价表宜采用统一格式。各省、自治区、直辖市建设行政主管部门和行业建设主管部门可根据本地区、本行业的实际情况，在《建设工程工程量清单计价规范》（GB 50500—2013）中附录B至附录L计价表格的基础上补充完善。

2）工程计价表格的设置应满足工程计价的需要，方便使用。

3）工程量清单的编制使用表格包括：封-1、扉-1、表-01、表-08、表-11、表-12（不含表-12-6～表-12-8）、表-13、表-20、表-21或表-22。

4）招标控制价、投标报价、竣工结算的编制使用表格：

①招标控制价使用表格包括：封-2、扉-2、表-01、表-02、表-03、表-04、表-08、表-09、表-11、表-12（不含表-12-6～表-12-8）、表-13、招标文件提供的表-20、表-21或表-22；

②投标报价使用的表格包括：封-3、扉-3、表-01、表-02、表-03、表-04、表-08、表-09、表-11、表-12（不含表-12-6～表-12-8）表-13、表-16、招标文件提供的表-20、表-21或表-22；

③竣工结算使用的表格包括：封-4、扉-4、表-01、表-05、表-06、表-07、表-08、表-09、表-10、表-11、表-12、表-13、表-14、表-15、表-16、表-17、表-18、表-19、表-20、表-21或表-22。

5）工程造价鉴定使用表格包括：封-5、扉-5、表-01、表-05～表-20、表-21或表-22。

6）投标人应按招标文件的要求，附工程量清单综合单价分析表。

电气工程工程量计价表格的应用与填制说明见第4章。

2　建筑安装工程费用构成与计算

2.1　按费用构成要素划分的构成与计算

2.1.1　按费用构成要素划分的费用构成

建筑安装工程费按照费用构成要素划分：由人工费、材料（包含工程设备，下同）费、施工机具使用费、企业管理费、利润、规费和税金组成。其中人工费、材料费、施工机具使用费、企业管理费和利润包含在分部分项工程费、措施项目费、其他项目费中，如图 2-1 所示。

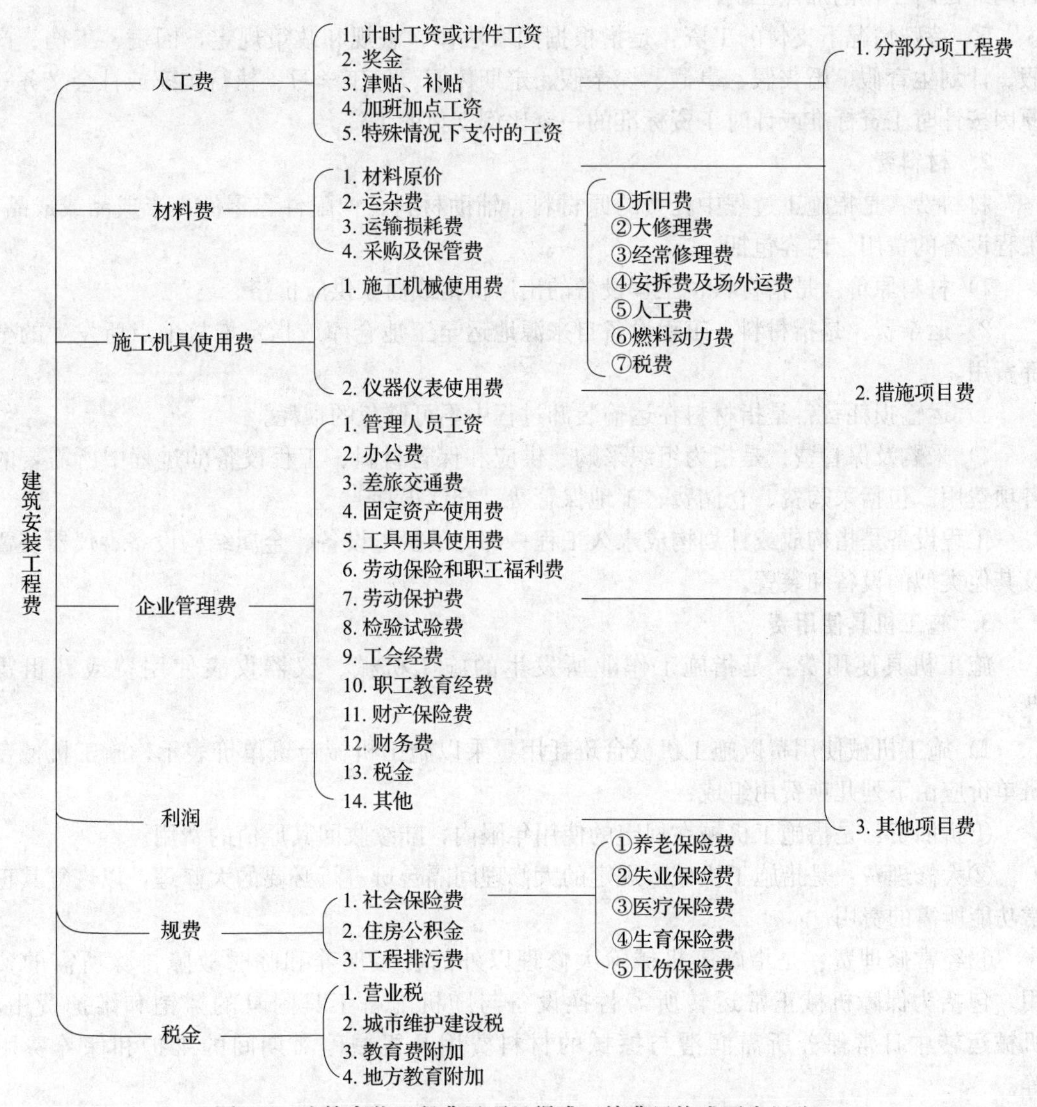

图 2-1　建筑安装工程费用项目组成（按费用构成要素划分）

1. 人工费

人工费：是指按工资总额构成规定，支付给从事建筑安装工程施工的生产工人和附属生产单位工人的各项费用，其内容包括：

1）计时工资或计件工资：是指按计时工资标准和工作时间或对已做工作按计件单价支付给个人的劳动报酬。

2）奖金：是指对超额劳动和增收节支支付给个人的劳动报酬。如节约奖、劳动竞赛奖等。

3）津贴补贴：是指为了补偿职工特殊或额外的劳动消耗和因其他特殊原因支付给个人的津贴，以及为了保证职工工资水平不受物价影响支付给个人的物价补贴。如流动施工津贴、特殊地区施工津贴、高温（寒）作业临时津贴、高空津贴等。

4）加班加点工资：是指按规定支付的在法定节假日工作的加班工资和在法定日工作时间外延时工作的加点工资。

5）特殊情况下支付的工资：是指根据国家法律、法规和政策规定，因病、工伤、产假、计划生育假、婚丧假、事假、探亲假、定期休假、停工学习、执行国家或社会义务等原因按计时工资标准或计时工资标准的一定比例支付的工资。

2. 材料费

材料费：是指施工过程中耗费的原材料、辅助材料、构配件、零件、半成品或成品、工程设备的费用。内容包括：

1）材料原价：是指材料、工程设备的出厂价格或商家供应价格。

2）运杂费：是指材料、工程设备自来源地运至工地仓库或指定堆放地点所发生的全部费用。

3）运输损耗费：是指材料在运输装卸过程中不可避免的损耗。

4）采购及保管费：是指为组织采购、供应和保管材料、工程设备的过程中所需要的各项费用。包括采购费、仓储费、工地保管费、仓储损耗。

工程设备是指构成或计划构成永久工程一部分的机电设备、金属结构设备、仪器装置及其他类似的设备和装置。

3. 施工机具使用费

施工机具使用费：是指施工作业所发生的施工机械、仪器仪表使用费或其租赁费。

1）施工机械使用费以施工机械台班耗用量乘以施工机械台班单价表示，施工机械台班单价应由下列几项费用组成：

①折旧费：是指施工机械在规定的使用年限内，陆续收回其原值的费用。

②大修理费：是指施工机械按规定的大修理间隔台班进行必要的大修理，以恢复其正常功能所需的费用。

③经常修理费：是指施工机械除大修理以外的各级保养和临时故障排除所需的费用。包括为保障机械正常运转所需替换设备与随机配备工具附具的摊销和维护费用，机械运转中日常保养所需润滑与擦拭的材料费用及机械停滞期间的维护和保养费用等。

④安拆费及场外运费：安拆费是指施工机械（大型机械除外）在现场进行安装与拆卸

所需的人工、材料、机械和试运转费用以及机械辅助设施的折旧、搭设、拆除等费用；场外运费是指施工机械整体或分体自停放地点运至施工现场或由一施工地点运至另一施工地点的运输、装卸、辅助材料及架线等费用。

⑤人工费：是指机上司机（司炉）和其他操作人员的人工费。

⑥燃料动力费：是指施工机械在运转作业中所消耗的各种燃料及水、电等。

⑦税费：是指施工机械按照国家规定应缴纳的车船使用税、保险费及年检费等。

2）仪器仪表使用费：是指工程施工所需使用的仪器仪表的摊销及维修费用。

4. 企业管理费

企业管理费：是指建筑安装企业组织施工生产和经营管理所需的费用。内容包括：

1）管理人员工资：是指按规定支付给管理人员的计时工资、奖金、津贴补贴、加班加点工资及特殊情况下支付的工资等。

2）办公费：是指企业管理办公用的文具、纸张、账表、印刷、邮电、书报、办公软件、现场监控、会议、水电、烧水和集体取暖降温（包括现场临时宿舍取暖降温）等费用。

3）差旅交通费：是指职工因公出差、调动工作的差旅费、住勤补助费，市内交通费和误餐补助费，职工探亲路费，劳动力招募费，职工退休、退职一次性路费，工伤人员就医路费，工地转移费以及管理部门使用的交通工具的油料、燃料等费用。

4）固定资产使用费：是指管理和试验部门及附属生产单位使用的属于同定资产的房屋、设备、仪器等的折旧、大修、维修或租赁费。

5）工具用具使用费：是指企业施工生产和管理使用的不属于固定资产的工具、器具、家具、交通工具和检验、试验、测绘、消防用具等的购置、维修和摊销费。

6）劳动保险和职工福利费：是指由企业支付的职工退职金、按规定支付给离休干部的经费、集体福利费、夏季防暑降温、冬季取暖补贴、上下班交通补贴等。

7）劳动保护费：是企业按规定发放的劳动保护用品的支出。如工作服、手套、防暑降温饮料以及在有碍身体健康的环境中施工的保健费用等。

8）检验试验费：是指施工企业按照有关标准规定，对建筑以及材料、构件和建筑安装物进行一般鉴定、检查所发生的费用，包括自设试验室进行试验所耗用的材料等费用。不包括新结构、新材料的试验费，对构件做破坏性试验及其他特殊要求检验试验的费用和建设单位委托检测机构进行检测的费用，对此类检测发生的费用，由建设单位在工程建设其他费用中列支。但对施工企业提供的具有合格证明的材料进行检测不合格的，该检测费用由施工企业支付。

9）工会经费：是指企业按《工会法》规定的全部职工工资总额比例计提的工会经费。

10）职工教育经费：是指按职工工资总额的规定比例计提，企业为职工进行专业技术和职业技能培训，专业技术人员继续教育、职工职业技能鉴定、职业资格认定以及根据需要对职工进行各类文化教育所发生的费用。

11）财产保险费：是指施工管理用财产、车辆等的保险费用。

12）财务费：是指企业为施工生产筹集资金或提供预付款担保、履约担保、职工工资支付担保等所发生的各种费用。

13）税金：是指企业按规定缴纳的房产税、车船使用税、土地使用税、印花税等。

14）其他：包括技术转让费、技术开发费、投标费、业务招待费、绿化费、广告费、公证费、法律顾问费、审计费、咨询费、保险费等。

5. 利润

利润是指施工企业完成所承包工程获得的盈利。

6. 规费

规费是指按国家法律、法规规定，由省级政府和省级有关权力部门规定必须缴纳或计取的费用，其中包括：

（1）社会保险费

1）养老保险费是指企业按照规定标准为职工缴纳的基本养老保险费。

2）失业保险费是指企业按照规定标准为职工缴纳的失业保险费。

3）医疗保险费是指企业按照规定标准为职工缴纳的基本医疗保险费。

4）生育保险费是指企业按照规定标准为职工缴纳的生育保险费。

5）工伤保险费是指企业按照规定标准为职工缴纳的工伤保险费。

（2）住房公积金

住房公积金是指企业按规定标准为职工缴纳的住房公积金。

（3）工程排污费

工程排污费是指按规定缴纳的施工现场工程排污费。

其他应列而未列入的规费，按实际发生计取。

7. 税金

税金是指国家税法规定的应计入建筑安装工程造价内的营业税、城市维护建设税、教育费附加以及地方教育附加。

2.1.2　按费用构成要素划分的费用计算

1. 人工费

人工费的计算公式如下：

$$人工费=\sum（工日消耗量\times日工资单价）\tag{2-1}$$

$$日工资单价=\frac{生产工人平均月工资（计时计件）+平均月（奖金+津贴补贴+特殊情况下支付的工资）}{年平均每月法定工作日}\tag{2-2}$$

注：公式（2-1）主要适用于施工企业投标报价时自主确定人工费，也是工程造价管理机构编制计价定额确定定额人工单价或发布人工成本信息的参考依据。

$$人工费=\sum（工程工日消耗量\times日工资单价）\tag{2-3}$$

日工资单价是指施工企业平均技术熟练程度的生产工人在每工作日（国家法定工作时间内）按规定从事施工作业应得的日工资总额。

工程造价管理机构确定日工资单价应通过市场调查、根据工程项目的技术要求，参考实物工程量人工单价综合分析确定，最低日工资单价不得低于工程所在地人力资源和社会保障部门所发布的最低工资标准的：普工 1.3 倍、一般技工 2 倍、高级技工 3 倍。

工程计价定额不可只列一个综合工日单价，应根据工程项目技术要求和工种差别适当划分多种日人工单价，确保各分部工程人工费的合理构成。

注：公式（2-3）适用于工程造价管理机构编制计价定额时确定定额人工费，是施工企业投标报价的参考依据。

2. 材料费

（1）材料费

材料费的计算公式如下：

$$材料费=\sum（材料消耗量\times材料单价） \quad (2-4)$$

$$材料单价=\{（材料原价+运杂费）\times[1+运输损耗率（\%）]\}\times[1+采购保管费率（\%）] \quad (2-5)$$

（2）工程设备费

工程设备费的计算公式如下：

$$工程设备费=\sum（工程设备量\times工程设备单价） \quad (2-6)$$

$$工程设备单价=（设备原价+运杂费）\times[1+采购保管费率（\%）] \quad (2-7)$$

3. 施工机具使用费

（1）施工机械使用费

施工机械使用费的计算公式如下：

$$施工机械使用费=\sum（施工机械台班消耗量\times机械台班单价） \quad (2-8)$$

$$机械台班单价=台班折旧费+台班大修费+台班经常修理费+台班安拆费及场外运费+台班人工费+台班燃料动力费+台班车船税费 \quad (2-9)$$

注：工程造价管理机构在确定计价定额中的施工机械使用费时，应根据《建筑施工机械台班费用计算规则》结合市场调查编制施工机械台班单价。施工企业可以参考工程造价管理机构发布的台班单价，自主确定施工机械使用费的报价，如租赁施工机械，公式为：施工机械使用费＝∑（施工机械台班消耗量×机械台班租赁单价）

（2）仪器仪表使用费

$$仪器仪表使用费=工程使用的仪器仪表摊销费+维修费 \quad (2-10)$$

4. 企业管理费费率

（1）以分部分项工程费为计算基础

$$企业管理费费率（\%）=\frac{生产工人年平均管理费}{年有效施工天数\times人工单价}\times人工费占分部分项目工程费比例（\%） \quad (2-11)$$

（2）以人工费和机械费合计为计算基础

$$企业管理费费率（\%）=\frac{生产工人年平均管理费}{年有效施工天数\times（人工单价+每一工日机械使用费）}\times100\% \quad (2-12)$$

（3）以人工费为计算基础

$$企业管理费费率（\%）=\frac{生产工人年平均管理费}{年有效施工天数\times人工单价}\times100\% \quad (2-13)$$

注：上述公式适用于施工企业投标报价时自主确定管理费，是工程造价管理机构编制计价定额确定企业管理费的参考依据。

工程造价管理机构在确定计价定额中企业管理费时，应以定额人工费或（定额人工费＋定额机械费）作为计算基数，其费率根据历年工程造价积累的资料，辅以调查数据确定，列入分部分项工程和措施项目中。

5. 利润

1）施工企业根据企业自身需求并结合建筑市场实际自主确定，列入报价中。

2）工程造价管理机构在确定计价定额中利润时，应以定额人工费或（定额人工费＋定额机械费）作为计算基数，其费率根据历年工程造价积累的资料，并结合建筑市场实际确定，以单位（单项）工程测算，利润在税前建筑安装工程费的比重可按不低于5%且不高于7%的费率计算。利润应列入分部分项工程和措施项目中。

6. 规费

1）社会保险费和住房公积金应以定额人工费为计算基础，根据工程所在地省、自治区、直辖市或行业建设主管部门规定费率计算。

$$\text{社会保险费和住房公积金}=\sum(\text{工程定额人工费}\times\text{社会保险费和住房公积金费率}) \tag{2-14}$$

式中：社会保险费和住房公积金费率可以每万元发承包价的生产工人人工费和管理人员工资含量与工程所在地规定的缴纳标准综合分析取定。

2）工程排污费等其他应列而未列入的规费应按工程所在地环境保护等部门规定的标准缴纳，按实计取列入。

7. 税金

税金计算公式如下：

$$\text{税金}=\text{税前造价}\times\text{综合税率}(\%) \tag{2-15}$$

综合税率：

1）纳税地点在市区的企业：

$$\text{综合税率}(\%)=\frac{1}{1-3\%-(3\%\times7\%)-(3\%\times3\%)-(3\%\times2\%)}-1 \tag{2-16}$$

2）纳税地点在县城、镇的企业：

$$\text{综合税率}(\%)=\frac{1}{1-3\%-(3\%\times5\%)-(3\%\times3\%)-(3\%\times2\%)}-1 \tag{2-17}$$

3）纳税地点不在市区、县城、镇的企业：

$$\text{综合税率}(\%)=\frac{1}{1-3\%-(3\%\times1\%)-(3\%\times3\%)-(3\%\times2\%)}-1 \tag{2-18}$$

4）实行营业税改增值税的，按纳税地点现行税率计算。

2.2　按造价形式划分的构成与计算

2.2.1　按造价形式划分的费用构成

建筑安装工程费按照工程造价形成由分部分项工程费、措施项目费、其他项目费、规费、税金组成，分部分项工程费、措施项目费、其他项目费包含人工费、材料费、施工机具使用费、企业管理费和利润，如图2-2所示。

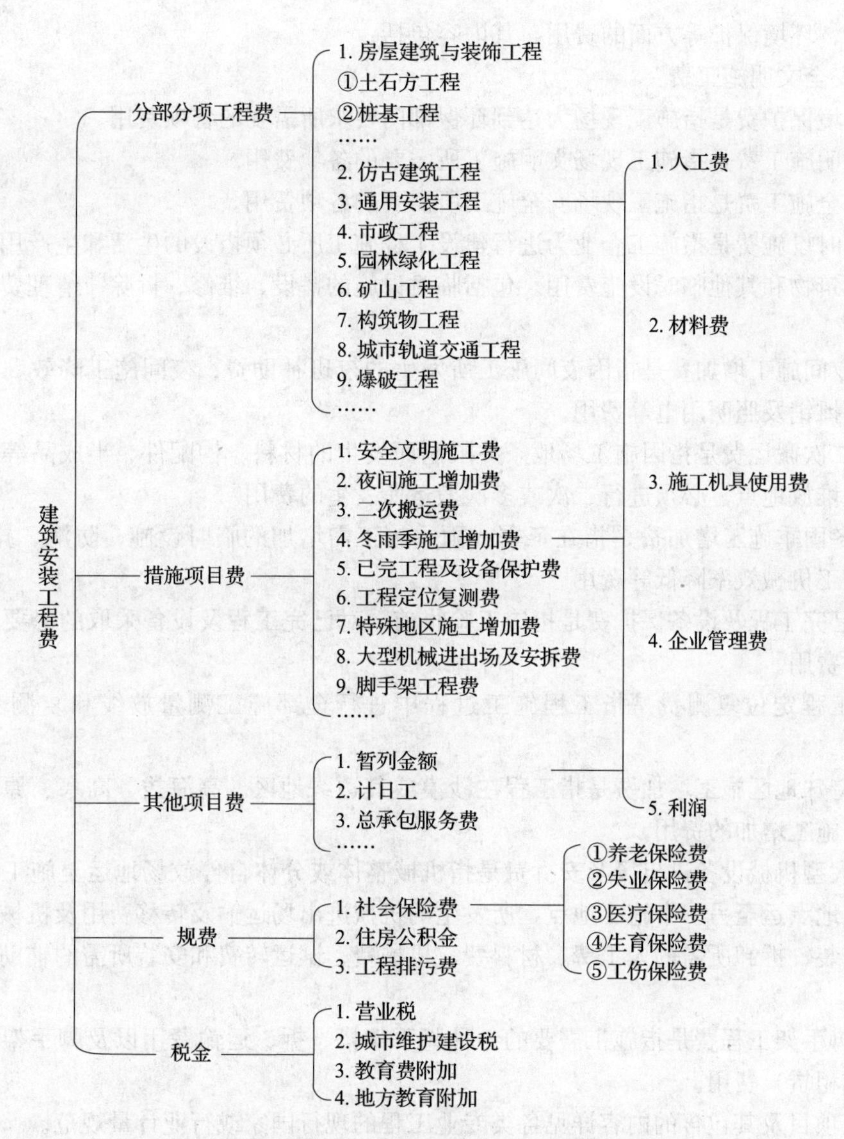

图 2-2 建筑安装工程费用项目组成（按造价形式划分）

1. 分部分项工程费

分部分项工程费是指各专业工程的分部分项工程应予列支的各项费用。

1）专业工程是指按现行国家计量规范划分的房屋建筑与装饰工程、仿古建筑工程、通用安装工程、市政工程、园林绿化工程、矿山工程、构筑物工程、城市轨道交通工程、爆破工程等各类工程。

2）分部分项工程是指按现行国家计量规范对各专业工程划分的项目。如市政工程划分的土石方工程、道路工程、桥涵工程、隧道工程、管网工程、水处理工程、生活垃圾处理工程、路灯工程、钢筋工程及拆除工程等。

各类专业工程的分部分项工程划分见现行国家或行业计量规范。

2. 措施项目费

措施项目费是指为完成建设工程施工，发生于该工程施工前和施工过程中的技术、生活、安全、环境保护等方面的费用，其内容包括：

1）安全文明施工费：

①环境保护费是指施工现场为达到环保部门要求所需要的各项费用。

②文明施工费是指施工现场文明施工所需要的各项费用。

③安全施工费是指施工现场安全施工所需要的各项费用。

④临时设施费是指施工企业为进行建设工程施工所必须搭设的生活和生产用的临时建筑物、构筑物和其他临时设施费用。包括临时设施的搭设、维修、拆除、清理费或摊销费等。

2）夜间施工增加费是指因夜间施工所发生的夜班补助费、夜间施工降效、夜间施工照明设备摊销及照明用电等费用。

3）二次搬运费是指因施工场地条件限制而发生的材料、构配件、半成品等一次运输不能到达堆放地点，必须进行二次或多次搬运所发生的费用。

4）冬雨季施工增加费是指在冬季或雨季施工需增加的临时设施、防滑、排除雨雪，人工及施工机械效率降低等费用。

5）已完工程及设备保护费是指竣工验收前，对已完工程及设备采取的必要保护措施所发生的费用。

6）工程定位复测费是指工程施工过程中进行全部施工测量放线和复测工作的费用。

7）特殊地区施工增加费是指工程在沙漠或其边缘地区、高海拔、高寒、原始森林等特殊地区施工增加的费用。

8）大型机械设备进出场及安拆费是指机械整体或分体自停放场地运至施工现场或由一个施工地点运至另一个施工地点，所发生的机械进出场运输及转移费用及机械在施工现场进行安装、拆卸所需的人工费、材料费、机械费、试运转费和安装所需的辅助设施的费用。

9）脚手架工程费是指施工需要的各种脚手架搭、拆、运输费用以及脚手架购置费的摊销（或租赁）费用。

措施项目及其包含的内容详见各类专业工程的现行国家或行业计量规范。

3. 其他项目费

1）暂列金额是指建设单位在工程量清单中暂定并包括在工程合同价款中的一笔款项。用于施工合同签订时尚未确定或者不可预见的所需材料、工程设备、服务的采购，施工中可能发生的工程变更、合同约定调整因素出现时的工程价款调整以及发生的索赔、现场签证确认等的费用。

2）计日工是指在施工过程中，施工企业完成建设单位提出的施工图纸以外的零星项目或工作所需的费用。

3）总承包服务费是指总承包人为配合、协调建设单位进行的专业工程发包，对建设单位自行采购的材料、工程设备等进行保管以及施工现场管理、竣工资料汇总整理等服务所需的费用。

4. 规费

规费定义同“2.1.1　按费用构成要素划分的费用构成”第6条“规费”。

5. 税金

税金定义同“2.1.1 按费用构成要素划分的费用构成”第7条“税金”。

2.2.2 按造价形式划分的费用计算

1. 分部分项工程费

$$分部分项工程费=\sum(分部分项工程量\times综合单价) \tag{2-19}$$

式中：综合单价包括人工费、材料费、施工机具使用费、企业管理费和利润以及一定范围的风险费用（下同）。

2. 措施项目费

1）国家计量规范规定应予计量的措施项目，其计算公式为：

$$措施项目费=\sum(措施项目工程量\times综合单价) \tag{2-20}$$

2）国家计量规范规定不宜计量的措施项目计算方法如下：

①安全文明施工费：

$$安全文明施工费=计算基数\times安全文明施工费费率(\%) \tag{2-21}$$

计算基数应为定额基价（定额分部分项工程费+定额中可以计量的措施项目费）、定额人工费或（定额人工费+定额机械费），其费率由工程造价管理机构根据各专业工程的特点综合确定。

②夜间施工增加费：

$$夜间施工增加费=计算基数\times夜间施工增加费费率(\%) \tag{2-22}$$

③二次搬运费：

$$二次搬运费=计算基数\times二次搬运费费率(\%) \tag{2-23}$$

④冬雨季施工增加费：

$$冬雨季施工增加费=计算基数\times冬雨季施工增加费费率(\%) \tag{2-24}$$

⑤已完工程及设备保护费：

$$已完工程及设备保护费=计算基数\times已完工程及设备保护费费率(\%) \tag{2-25}$$

上述①～⑤项措施项目的计费基数应为定额人工费或（定额人工费+定额机械费），其费率由工程造价管理机构根据各专业工程特点和调查资料综合分析后确定。

3. 其他项目费

1）暂列金额由建设单位根据工程特点，按有关计价规定估算，施工过程中由建设单位掌握使用、扣除合同价款调整后如有余额，归建设单位。

2）计日工由建设单位和施工企业按施工过程中的签证计价。

3）总承包服务费由建设单位在招标控制价中根据总承包服务范围和有关计价规定编制，施工企业投标时自主报价，施工过程中按签约合同价执行。

4. 规费和税金

建设单位和施工企业均应按照省、自治区、直辖市或行业建设主管部门发布标准计算规费和税金，不得作为竞争性费用。

2.3 建筑安装工程计价程序

建设单位工程招标控制价计价程序见表2-1。

表 2-1 建设单位工程招标控制价计价程序

工程名称： 标段：

序号	内容	计算方法	金额（元）
1	分部分项工程费	按计价规定计算	
1.1			
1.2			
1.3			
1.4			
1.5			
2	措施项目费	按计价规定计算	
2.1	其中：安全文明施工费	按规定标准计算	
3	其他项目费		
3.1	其中：暂列金额	按计价规定估算	
3.2	其中：专业工程暂估价	按计价规定估算	
3.3	其中：计日工	按计价规定估算	
3.4	其中：总承包服务费	按计价规定估算	
4	规费	按规定标准计算	
5	税金 （扣除不列入计税范围的工程设备金额）	（1＋2＋3＋4）×规定税率	
招标控制价合计＝1＋2＋3＋4＋5			

施工企业工程投标报价计价程序见表 2-2。

表 2-2 施工企业工程投标报价计价程序

工程名称： 标段：

序号	内容	计算方法	金额（元）
1	分部分项工程费	自主报价	
1.1			
1.2			

续表 2-2

序号	内　　容	计算方法	金额（元）
1.3			
1.4			
1.5			
2	措施项目费	自主报价	
2.1	其中：安全文明施工费	按规定标准计算	
3	其他项目费		
3.1	其中：暂列金额	按招标文件提供金额计列	
3.2	其中：专业工程暂估价	按招标文件提供金额计列	
3.3	其中：计日工	自主报价	
3.4	其中：总承包服务费	自主报价	
4	规费	按规定标准计算	
5	税金（扣除不列入计税范围的工程设备金额）	（1＋2＋3＋4）×规定税率	
投标报价合计＝1＋2＋3＋4＋5			

竣工结算计价程序见表 2-3。

表 2-3　竣工结算计价程序

工程名称：　　　　　　　　　　标段：

序号	内　　容	计算方法	金额（元）
1	分部分项工程费	按合约约定计算	
1.1			
1.2			
1.3			
1.4			
1.5			

续表 2-3

序号	内　容	计算方法	金额（元）
2	措施项目	按合同约定计算	
2.1	其中：安全文明施工费	按规定标准计算	
3	其他项目		
3.1	其中：专业工程结算价	按合同约定计算	
3.2	其中：计日工	按计日工签证计算	
3.3	其中：总承包服务费	按合同约定计算	
3.4	索赔与现场签证	按发承包双方确认数额计算	
4	规费	按规定标准计算	
5	税金 （扣除不列入计税范围的工程设备金额）	（1＋2＋3＋4）×规定税率	
竣工结算总价合计＝1＋2＋3＋4＋5			

2.4　工程费用计算相关说明

1）各专业工程计价定额的编制及其计价程序，均按上述计算方法实施。

2）各专业工程计价定额的使用周期原则上为 5 年。

3）工程造价管理机构在定额使用周期内，应及时发布人工、材料、机械台班价格信息，实行工程造价动态管理，如遇国家法律、法规、规章或相关政策变化以及建筑市场物价波动较大时，应适时调整定额人工费、定额机械费以及定额基价或规费费率，使建筑安装工程费能反映建筑市场实际。

4）建设单位在编制招标控制价时，应按照各专业工程的计量规范和计价定额以及工程造价信息编制。

5）施工企业在使用计价定额时除不可竞争费用外，其余仅作参考，由施工企业投标时自主报价。

3 电气工程工程量计算及清单编制实例

3.1 变压器安装工程工程量计算及清单编制实例

3.1.1 变压器安装工程清单工程量计算规则

1. 工程量清单计算规则

变压器安装工程量清单项目设置、项目特征描述的内容、计量单位及工程量计算规则，应按表 3-1 的规定执行。

表 3-1 变压器安装（编码：030401）

项目编码	项目名称	项目特征	计量单位	工程量计算规则	工作内容
030401001	油浸电力变压器	1. 名称 2. 型号 3. 容量（kV·A） 4. 电压（kV） 5. 油过滤要求 6. 干燥要求 7. 基础型钢形式、规格 8. 网门、保护门材质、规格 9. 温控箱型号、规格	台	按设计图示数量计算	1. 本体安装 2. 基础型钢制作、安装 3. 油过滤 4. 干燥 5. 接地 6. 网门、保护门制作、安装 7. 补刷（喷）油漆
030401002	干式变压器				1. 本体安装 2. 基础型钢制作、安装 3. 温控箱安装 4. 接地 5. 网门、保护门制作、安装 6. 补刷（喷）油漆

续表 3-1

<table>
<tr><th>项目编码</th><th>项目名称</th><th>项 目 特 征</th><th>计量单位</th><th>工程量计算规则</th><th>工程内容</th></tr>
<tr><td>030401003</td><td>整流变压器</td><td rowspan="3">1. 名称
2. 型号
3. 容量（kV·A）
4. 电压（kV）
5. 油过滤要求
6. 干燥要求
7. 基础型钢形式、规格
8. 网门、保护门材质、规格</td><td rowspan="5">台</td><td rowspan="5">按设计图示数量计算</td><td rowspan="3">1. 本体安装
2. 基础型钢制作、安装
3. 油过滤
4. 干燥
5. 网门、保护门制作、安装
6. 补刷（喷）油漆</td></tr>
<tr><td>030401004</td><td>自耦变压器</td></tr>
<tr><td>030401005</td><td>有载调压变压器</td></tr>
<tr><td>030401006</td><td>电炉变压器</td><td>1. 名称
2. 型号
3. 容量（kV·A）
4. 电压（kV）
5. 基础型钢形式、规格
6. 网门、保护门材质、规格</td><td>1. 本体安装
2. 基础型钢制作、安装
3. 网门、保护门制作、安装
4. 补刷（喷）油漆</td></tr>
<tr><td>030401007</td><td>消弧线圈</td><td>1. 名称
2. 型号
3. 容量（kV·A）
4. 电压（kV）
5. 油过滤要求
6. 干燥要求
7. 基础型钢形式、规格</td><td>1. 本体安装
2. 基础型钢制作、安装
3. 油过滤
4. 干燥
5. 补刷（喷）油漆</td></tr>
</table>

注：变压器油如需试验、化验、色谱分析应按表 1-6 措施项目相关项目编码列项。

2. 清单项目相关问题说明

表 3-1 适用于油浸电力变压器、干式变压器、整流变压器、自耦变压器、有载调压变压器、电炉变压器及消弧线圈安装等工程量清单项目的编制和计量。

清单项目的设计和表述：工程量清单项目设置及工程量计算，应按表 3-1 的规定执行。

从表 3-1 看，030401001～030401007 都是变压器安装项目。所以设置清单项目时，首先要区别所要安装的变压器的种类，即名称、型号，再按容量、电压、油过滤要求等来设置项目。名称、型号、容量等完全一样的，数量相加后，设置一个项目即可。型号、容量等不一样的，应分别设置项目、分别编码。

举例说明：某工程的设计图示，需要安装四台变压器，其中：

一台油浸电力变压器　SL_1－1000kV·A/10kV

一台油浸电力变压器　SL_1－500kV·A/10kV

两台干式变压器　SG－100kV·A/10－0.4kV

SL_1－1000kVA/10kV需做干燥处理，其绝缘油要过滤。根据《通用安装工程工程量计算规范》（GB 50856—2013）的规定，上例中的项目特征为：名称；型号；容量（kV·A）；电压（kV）；油过滤要求；干燥要求；基础型钢形式、规格；网门、保护门材质、规格；温控箱型号、规格。该清单项目名称表述见表3-2。

表3-2　工程量清单项目特征

第一组特征（名称）	第二组特征（型号）	第三组特征（容量及电压）
油浸电力变压器	SL_1－	1000kV·A/10kV
油浸电力变压器	SL_1－	500kV·A/10kV
干式变压器	SG－	100kV·A/10－0.4kV

依据《通用安装工程工程量计算规范》GB 50856—2013的规定，后三位数字由编制人设定，按容量大小顺序排列在清单项目表中，并按设计要求和工程内容对该项目进行描述见表3-3。

表3-3　分部分项工程和单价措施项目清单与计价表

工程名称：

序号	项目编码	项目名称	项目特征描述	计量单位	工程量	金额（元）	
						综合单价	合价
1	030401001001	油浸电力变压器	1. 名称：油浸电力变压器安装 2. 型号、容量、电压：SL_1－1000kV·A/10kV 3. 油过滤要求：绝缘油需过滤 4. 干燥要求：变压器干燥处理 5. 基础型钢形式、规格：10#槽钢基础制作、安装	1	台		

续表 3-3

序号	项目编码	项目名称	项目特征描述	计量单位	工程量	金额（元）	
						综合单价	合价
2	030401001002	油浸电力变压器	1. 名称：油浸电力变压器安装 2. 型号、容量、电压：SL_1－500kV·A/10kV 3. 基础型钢形式、规格：10# 槽钢基础制作安装	1	台		
3	030401002001	干式变压器	1. 名称：干式变压器安装 2. 型号、容量、电压：SG－100kV·A/10－0.4kV 3. 基础型钢形式、规格：10# 槽钢基础制作安装	2	台		

3.1.2 变压器安装工程定额工程量计算规则

1. 电气设备安装工程定额总说明

1）《全国统一安装工程预算定额》GYD—202—2000“电气设备安装工程”适用于工业与民用新建、扩建工程中10kV以下变配电设备及线路安装工程、车间动力电气设备及电气照明器具、防雷及接地装置安装、配管配线、电梯电气装置、电气调整试验等的安装工程。

2）电气设备安装工程定额的工作内容除各章节已说明的工序外，还包括：施工准备，设备器材工器具的场内搬运，开箱检查，安装，调整试验，收尾，清理，配合质量检验，工种间交叉配合、临时移动水、电源的停歇时间。

3）电气设备安装工程定额不包括以下内容：

①10kV以上及专业专用项目的电气设备安装。

②电气设备（如电动机等）配合机械设备进行单体试运转和联合试运转工作。

4）关于下列各项费用的规定：

①脚手架搭拆费（10kV以下架空线路除外）按人工费的4%计算，其中人工工资占25%。

②工程超高增加费（已考虑了超高因素的定额项目除外）：操作物高度离楼地面5m以上、20m以下的电气安装工程，按超高部分人工费的33%计算。

③高层建筑增加费（指高度在6层或20m以上的工业与民用建筑）按表3-4计算（其中全部为人工工资）：

表 3-4 高层建筑增加费计算系数

层数	9层以下（30m）	12层以下（40m）	15层以下（50m）	18层以下（60m）	21层以下（70m）	24层以下（80m）
按人工费的百分比（%）	1	2	4	6	8	10
层数	27层以下（90m）	30层以下（100m）	33层以下（110m）	36层以下（120m）	39层以下（130m）	42层以下（140m）
按人工费的百分比（%）	13	16	19	22	25	28
层数	45层以下（150m）	48层以下（160m）	51层以下（170m）	54层以下（180m）	57层以下（190m）	60层以下（200m）
按人工费的百分比（%）	31	34	37	40	43	46

注：为高层建筑供电的变电所和供水等动力工程，如装在高层建筑的底层或地下室的，均不计取高层建筑增加费。装在6层以上的变配电工程和动力工程则同样计取高层建筑增加费。

④安装与生产同时进行时，安装工程的总人工费增加10%，全部为因降效而增加的人工费（不含其他费用）。

⑤在有害人身健康的环境（包括高温、多尘、噪声超过标准和在有害气体等有害环境）中施工时，安装工程的总人工费增加10%，全部为因降效而增加的人工费（不含其他费用）。

2. 变压器安装工程定额工程量计算说明

1）油浸电力变压器安装定额同样适用于自耦式变压器、带负荷调压变压器及并联电抗器的安装。电炉变压器按同容量电力变压器定额乘以系数2.0，整流变压器执行同容量电力变压器定额乘以系数1.60。

2）变压器的器身检查：1000kV·A以下是按吊心检查考虑，4000kV·A以上是按吊钟罩考虑；如果4000kV·A以上的变压器需吊心检查时，定额机械乘以系数2.0。

3）干式变压器如果带有保护外罩时，人工和机械乘以系数1.2。

4）整流变压器、消弧线圈、并联电抗器的干燥，执行同容量变压器干燥定额。电炉变压器执行同容量变压器干燥定额乘以系数2.0。

5）变压器油是按设备带来考虑的，但施工中变压器油的过滤损耗及操作损耗已包括在有关定额中。

6）变压器安装过程中放注油、油过滤所使用的油罐，已摊入油过滤定额中。

7）变压器安装工程定额不包括的工作内容：

①变压器干燥棚的搭拆工作，若发生时可按实计算。

②变压器铁梯及母线铁构件的制作、安装，另执行铁构件制作、安装定额。

③瓦斯继电器的检查及试验已列入变压器系统调整试验定额内。

④端子箱、控制箱的制作、安装，执行相应定额。

⑤二次喷漆发生时按相应定额执行。

3. 变压器安装工程定额工程量计算规则

1）变压器安装，按不同容量以“台”为计量单位。

2）干式变压器如果带有保护罩时，其定额人工和机械乘以系数2.0。

3）变压器通过试验，判定绝缘受潮时才需进行干燥，所以只有需要干燥的变压器才能计取此项费用（编制施工图预算时可列此项，工程结算时根据实际情况再作处理），以“台”为计量单位。

4）消弧线圈的干燥按同容量电力变压器干燥定额执行，以“台”为计量单位。

5）变压器油过滤不论过滤多少次，直到过滤合格为止，以“t”为计量单位，其具体计算方法如下：

①变压器安装工程定额未包括绝缘油的过滤，需要过滤时，可按制造厂提供的油量计算。

②油断路器及其他充油设备的绝缘油过滤，可按制造厂规定的充油量计算。

3.1.3 变压器安装工程工程量计算与清单编制实例

【例3-1】 某工厂食堂配有1台容量为100kV·A的干式变压器和1台容量为1500kW的空冷式发电机。试计算其工程量。

【解】

（1）清单工程量：

1）干式变压器：1台；

2）发电机：1台。

分部分项工程和单价措施项目清单与计价表见表3-5。

表3-5 分部分项工程和单价措施项目清单与计价表

工程名称：某工厂食堂电气工程

序号	项目编号	项目名称	项目特征描述	计算单位	工程量	金额（元）		
						综合单价	合价	其中 暂估价
1	030401002001	干式变压器	1. 名称：干式变压器 2. 容量：100kV·A	台	1	494.92	494.92	
2	030406001001	发电机	1. 名称：空冷式发电机 2. 容量：1500kW	台	1	4735.50	4735.50	
合计							5230.42	

（2）定额工程量：

1）干式变压器定额工程量：

①干式变压器，容量为100kV·A，1台。

套用《全国统一安装工程预算定额》GYD—202—2000中2-8定额子目。

a. 人工费：174.61元/台×1台=174.61（元）；

b. 材料费：111.75元/台×1台=111.75（元）；

c. 机械费：62.18元/台×1台=62.18（元）。

②综合。

a. 直接费合计：174.61+111.75+62.18=348.54（元）；

b. 管理费：348.54×34%=118.50（元）；

c. 利润：348.54×8%=27.88（元）；

d. 总计：348.54+118.50+27.88=494.92（元）；

e. 综合单价：494.92元/1台=494.92（元/台）。

2）发电机定额工程量：

①空冷式发电机，其容量为1500kW，1台。

套用《全国统一安装工程预算定额》GYD—202—2000中2-427定额子目。

a. 人工费：1235.77元/台×1台=1235.77（元）；

b. 材料费：397.75元/台×1台=397.75（元）；

c. 机械费：1701.34元/台×1台=1701.34（元）。

②综合。

a. 直接费合计：1235.77+397.75+1701.34=3334.86（元）；

b. 管理费：3334.86×34%=1133.85（元）；

c. 利润：3334.86×8%=266.79（元）；

d. 总计：3334.86+1133.85+266.79=4735.50（元）；

e. 综合单价：4735.50元/1台=4735.50（元/台）。

【例3-2】　某工程需要安装1台油浸式电力变压器，型号为SL_1－500kV·A/10kV，包括基础铁梯、扶手等构件制作、安装（1.1kg）。请计算清单工程量并编制工程量清单综合单价表。

【解】

（1）清单工程量：

油浸式电力变压器（SL_1－500kV·A/10kV）：1台。

（2）定额工程量：

1）油浸式电力变压器安装，SL_1－500kV·A/10kV，1台。

套用《全国统一安装工程预算定额》GYD—202—2000中2-2定额子目。

①人工费：274.92×1台=274.92（元）；

②材料费：188.65×1台=188.65（元）；

③机械费：273.16×1台=273.16（元）。

2）铁梯、扶手等构件制作、安装1.1kg。

套用《全国统一安装工程预算定额》GYD—202—2000中2-358、2-359定额子目。

①人工费：(250.78＋163) ×1.1/100kg＝4.55（元）；

②材料费：(131.9＋24.39) ×1.1/100kg＝1.72（元）；

③机械费：(41.43＋25.44) ×1.1/100kg＝0.74（元）。

3）综合：

①直接费合计：743.74 元；

②管理费：743.74×34%＝252.87（元）；

③利润：743.74×8%＝59.50（元）；

④总计：743.74＋252.87＋59.50＝1056.11（元）；

⑤综合单价：1056.11÷1＝1056.11（元）。

分部分项工程和单价措施项目清单与计价表见表 3-6，综合单价分析表见表 3-7。

表 3-6 分部分项工程和单价措施项目清单与计价表

工程名称：××工程

序号	项目编号	项目名称	项目特征描述	计算单位	工程量	金额（元）		
						综合单价	合价	其中暂估价
1	030401001001	油浸式电力变压器	SL1－500kV·A/10kV，基础型钢制作、安装	台	1	1068.93	1068.93	743.74
合计							1068.93	743.74

表 3-7 综合单价分析表

工程名称：××工程

项目编号	030401001001	项目名称		油浸式电力变压器		计量单位		台	工程数量		1
清单综合单价组成明细											
定额编号	定额项目名称	定额单位	数量	单价（元）				合价（元）			
				人工费	材料费	机械费	管理费和利润	人工费	材料费	机械费	管理费和利润
2-2	油浸式电力变压器安装 SL_1－500kV·A/10kV	台	1	274.92	188.65	273.16	309.43	274.92	188.65	273.16	309.43
2-358、2-359	铁梯、扶手等构件制作、安装	100kg	0.011	250.78＋163	131.9＋24.39	41.43＋25.44	267.51	4.55	1.72	0.74	2.94
人工单价		小　计						279.47	190.37	273.90	312.37
40元/工日		未计价材料费									
清单项目综合单价								1056.11			

3.2 配电装置安装工程工程量计算及清单编制实例

3.2.1 配电装置安装工程清单工程量计算规则

1. 工程量清单计算规则

配电装置安装工程量清单项目设置、项目特征描述的内容、计量单位及工程量计算规则，应按表 3-8 的规定执行。

表 3-8 配电装置安装（编码：030402）

项目编码	项目名称	项 目 特 征	计量单位	工程量计算规则	工作内容
030402001	油断路器	1. 名称 2. 型号 3. 容量（A） 4. 电压等级（V） 5. 安装条件 6. 操作机构名称及型号 7. 基础型钢规格 8. 接线材质、规格 9. 安装部位 10. 油过滤要求	台	按设计图示数量计算	1. 本体安装、调试 2. 基础型钢制作、安装 3. 油过滤 4. 补刷（喷）油漆 5. 接地
030402002	真空断路器				1. 本体安装、调试 2. 基础型钢制作、安装 3. 补刷（喷）油漆 4. 接地
030402003	SF_6断路器				
030402004	空气断路器	1. 名称 2. 型号 3. 容量（A） 4. 电压等级（V） 5. 安装条件 6. 操作机构名称及型号 7. 接线材质、规格 8. 安装部位			
030402005	真空接触器				1. 本体安装、调试 2. 补刷（喷）油漆 3. 接地
030402006	隔离开关		组		
030402007	负荷开关				
030402008	互感器	1. 名称 2. 型号 3. 规格 4. 类型 5. 油过滤要求	台		1. 本体安装、调试 2. 干燥 3. 油过滤 4. 接地
030402009	高压熔断器	1. 名称 2. 型号 3. 规格 4. 安装部位	组		1. 本体安装、调试 2. 接地

续表 3-8

<table>
<tr><th>项目编码</th><th>项目名称</th><th>项目特征</th><th>计量单位</th><th>工程量计算规则</th><th>工作内容</th></tr>
<tr><td>030402010</td><td>避雷器</td><td>1. 名称
2. 型号
3. 规格
4. 电压等级
5. 安装部位</td><td>组</td><td rowspan="7">按设计图示数量计算</td><td>1. 本体安装
2. 接地</td></tr>
<tr><td>030402011</td><td>干式电抗器</td><td>1. 名称
2. 型号
3. 规格
4. 质量
5. 安装部位
6. 干燥要求</td><td>组</td><td>1. 本体安装
2. 干燥</td></tr>
<tr><td>030402012</td><td>油浸电抗器</td><td>1. 名称
2. 型号
3. 规格
4. 容量（kV·A）
5. 油过滤要求
6. 干燥要求</td><td>台</td><td>1. 本体安装
2. 油过滤
3. 干燥</td></tr>
<tr><td>030402013</td><td>移相及串联电容器</td><td rowspan="2">1. 名称
2. 型号
3. 规格
4. 质量
5. 安装部位</td><td rowspan="2">个</td><td rowspan="2">1. 本体安装
2. 接地</td></tr>
<tr><td>030402014</td><td>集合式并联电容器</td></tr>
<tr><td>030402015</td><td>并联补偿电容器组架</td><td>1. 名称
2. 型号
3. 规格
4. 结构形式</td><td rowspan="2">台</td><td rowspan="2">1. 本体安装
2. 接地</td></tr>
<tr><td>030402016</td><td>交流滤波装置组架</td><td>1. 名称
2. 型号
3. 规格</td></tr>
</table>

续表 3-8

<table>
<tr><th>项目编码</th><th>项目名称</th><th>项 目 特 征</th><th>计量单位</th><th>工程量计算规则</th><th>工作内容</th></tr>
<tr><td>030402017</td><td>高压成套配电柜</td><td>1. 名称
2. 型号
3. 规格
4. 母线配置方式
5. 种类
6. 基础型钢形式、规格</td><td rowspan="2">台</td><td rowspan="2">按设计图示数量计算</td><td>1. 本体安装、调试
2. 基础型钢制作、安装
3. 补刷（喷）油漆
4. 接地</td></tr>
<tr><td>030402018</td><td>组合型成套箱式变电站</td><td>1. 名称
2. 型号
3. 容量（kV·A）
4. 电压（V）
5. 组合形式
6. 基础规格、浇筑材质</td><td>1. 本体安装
2. 基础浇筑
2. 进线箱母线安装
4. 补刷（喷）油漆
5. 接地</td></tr>
</table>

注：1. 空气断路器的储气罐及储气罐至断路器的管路应按现行国家标准《通用安装工程工程量计算规范》GB 50856—2013 附录 H 工业管道工程相关项目编码列项。

2. 干式电抗器项目适用于混凝土电抗器、铁心干式电抗器、空心干式电抗器等。

3. 设备安装未包括地脚螺栓、浇注（二次灌浆、抹面），如需安装应按现行国家标准《房屋建筑与装饰工程工程量计算规范》GB 50854—2013 相关项目编码列项。

2. 清单项目相关问题说明

表 3-8 适用于各种断路器、真空接触器、隔离开关、负荷开关、互感器、电抗器、电容器、滤液装置、高压成套配电柜及组合型成套箱式变电站等配电装置安装的工程量清单项目设置与计量。

(1) 清单项目的设置与计量

依据施工图所示的工程内容（指各项工程实体），按表 3-8 中的项目特征：名称、型号、容量、电压等设置具体清单项目名称，按对应的项目编码编好后三位码。

表 3-8 中大部分项目以“台”为计量单位，少部分以“组”、“个”为计量单位。计算规则均是按设计图图示数量计算。

(2) 其他相关说明

1）表 3-8 包括了各种配电设备安装工程的清单项目，但其项目特征大部分是一样的，即设备名称、型号、规格（容量），它们的组合就是该清单项目的名称，但在项目特征中，有一特征为“质量”，该“质量”是对“重量”的规范用语，它不是表示设备质量的优或合格，而是指设备的重量，如电抗器、电容器安装时，均以重量划类区别，所以其项目特征栏中就有“质量”二字。

2）油断路的 SF_6 断路器等清单项目描述时，一定要说明绝缘油，SF_6 气体是否设备带有，以便计价时确定是否计算此部分费用。

3）设备安装如有地脚螺栓者，清单中应注明是由土建预埋还是由安装者浇筑，以便确定是否计算二次灌浆费用（包括抹面）。

4）绝缘油过滤的描述和过滤油量的计算参照绝缘油过滤的相关内容。

5）高压设备的安装没有综合绝缘台安装。如果设计有此要求，其内容一定要表述清楚，避免漏项。

3.2.2 配电装置安装工程定额工程量计算规则

1. 定额工程量计算说明

1）设备本体所需的绝缘油、六氟化硫气体、液压油等均按设备带有考虑。

2）配电装置安装工程定额不包括下列工作内容，另执行下列相应定额：

①端子箱安装。

②设备支架制作及安装。

③绝缘油过滤。

④基础槽（角）钢安装。

3）设备安装所需的地脚螺栓按土建预埋考虑，不包括二次灌浆。

4）互感器安装定额系按单相考虑，不包括抽心及绝缘油过滤。特殊情况另作处理。

5）电抗器安装定额系按三相叠放、三相平放和二叠一平的安装方式综合考虑，不论何种安装方式，均不作换算，一律执行配电装置安装工程定额。干式电抗器安装定额适用于混凝土电抗器、铁心干式电抗器和空心电抗器等干式电抗器的安装。

6）高压成套配电柜安装定额系综合考虑的，不分容量大小，也不包括母线配制及设备干燥。

7）低压无功补偿电容器屏（柜）安装列入配电装置安装工程定额的控制设备及低压电器中。

8）组合型成套箱式变电站主要是指 10kV 以下的箱式变电站，一般布置形式为变压器在箱的中间，箱的一端为高压开关位置，另一端为低压开关位置。组合型低压成套配电装置，外形像一个大型集装箱，内装 6～24 台低压配电箱（屏），箱的两端开门，中间为通道，称为集装箱式低压配电室。该内容列入配电装置安装工程定额的控制设备及低压电器中。

2. 定额工程量计算规则

1）断路器、电流互感器、电压互感器、油浸电抗器、电力电容器及电容器柜的安装，以“台（个）”为计量单位。

2）隔离开关、负荷开关、熔断器、避雷器、干式电抗器的安装，以“组”为计量单位，每组按三相计算。

3）交流滤波装置的安装以“台”为计量单位。每套滤波装置包括三台组架安装，不包括设备本身及铜母线的安装，其工程量应按相应定额另行计算。

4）高压设备安装定额内均不包括绝缘台的安装，其工程量应按施工图设计执行相应定额。

5）高压成套配电柜和箱式变电站的安装以“台”为计量单位，均未包括基础槽钢、母线及引下线的配置安装。

6）配电设备安装的支架、抱箍及延长轴、轴套、间隔板等，按施工图设计的需要量计算，执行铁构件制作与安装定额或成品价。

7）绝缘油、六氟化硫气体、液压油等均按设备带有考虑。电气设备以外的加压设备和附属管道的安装应按相应定额另行计算。

8）配电设备的端子板外部接线，应按相应定额另行计算。

9）设备安装用的地脚螺栓按土建预埋考虑，不包括二次灌浆。

3.3 母线安装工程工程量计算及清单编制实例

3.3.1 母线安装工程清单工程量计算规则

1. 工程量清单计算规则

母线安装工程量清单项目设置、项目特征描述的内容、计量单位及工程量计算规则，应按表 3-9 的规定执行。

表 3-9 母线安装（编码：030403）

项目编码	项目名称	项目特征	计量单位	工程量计算规则	工作内容
030403001	软母线	1. 名称 2. 材质 3. 型号 4. 规格 5. 绝缘子类型、规格	m	按设计图示尺寸以单相长度计算（含预留长度）	1. 母线安装 2. 绝缘子耐压试验 3. 跳线安装 4. 绝缘子安装
030403002	组合软母线				
030403003	带形母线	1. 名称 2. 型号 3. 规格 4. 材质 5. 绝缘子类型、规格 6. 穿墙套管材质、规格 7. 穿通板材质、规格 8. 母线桥材质、规格 9. 引下线材质、规格 10. 伸缩节、过渡板材质、规格 11. 分相漆品种			1. 母线安装 2. 穿通板制作、安装 3. 支持绝缘子、穿墙套管的耐压试验、安装 4. 引下线安装 5. 伸缩节安装 6. 过渡板安装 7. 刷分相漆

续表 3-9

项目编码	项目名称	项 目 特 征	计量单位	工程量计算规则	工程内容
030403004	槽型母线	1. 名称 2. 型号 3. 规格 4. 材质 5. 连接设备名称、规格 6. 分相漆品种	m	按设计图示尺寸以单相长度计算（含预留长度）	1. 母线制作、安装 2. 与发电机、变压器连接 3. 与断路器、隔离开关连接 4. 刷分相漆
030403005	共箱母线	1. 名称 2. 型号 3. 规格 4. 材质		按设计图示尺寸以中心线长度计算	1. 母线安装 2. 补刷（喷）油漆
030403006	低压封闭式接插母线槽	1. 名称 2. 型号 3. 规格 4. 容量（A） 5. 线制 6. 安装部位			
030403007	始端箱、分线箱	1. 名称 2. 型号 3. 规格 4. 容量（A）	台	按设计图示数量计算	1. 本体安装 2. 补刷（喷）油漆
030403008	重型母线	1. 名称 2. 型号 3. 规格 4. 容量（A） 5. 材质 6. 绝缘子类型、规格 7. 伸缩器及导板规格	t	按设计图示尺寸以质量计算	1. 母线制作、安装 2. 伸缩器及导板制作、安装 3. 支持绝缘子安装 4. 补刷（喷）油漆

注：1. 软母线安装预留长度见表 3-10。
　　2. 硬母线配置安装预留长度见表 3-11。

表 3-10　软母线安装预留长度　　单位：m/根

项目	耐张	跳线	引下线、设备连接线
预留长度	2.5	0.8	0.6

表 3-11　硬母线配置安装预留长度　　单位：m/根

序号	项　目	预留长度	说　明
1	带形、槽形母线终端	0.3	从最后一个支持点算起
2	带形、槽形母线与分支线连接	0.5	分支线预留
3	带形母线与设备连接	0.5	从设备端子接口算起
4	多片重型母线与设备连接	1.0	从设备端子接口算起
5	槽形母线与设备连接	0.5	从设备端子接口算起

2. 清单项目相关问题说明

表 3-9 适用于软母线、带型母线、槽形母线、共箱母线、低压封闭插接母线、始端箱、分线箱、重型母线等母线安装工程工程量清单项目设置与计量。

(1) 清单项目的设置与计量

依据施工图所示的工程内容（指各项工程实体），按照表 3-9 的项目特征：名称、型号、规格、材质等设置具体项目名称，并按对应的项目编码编好后三位码。

表 3-9 中除重型母线、始端箱、分线箱外的各项计量单位均为“m”，始端箱、分线箱的和重型母线的计量单位分别为“台”和“t”。计算规则：软母线、带型母线、槽形母线为按设计图尺寸以单线长度计算（含预留长度）；共箱母线、低压封闭插接母线为按设计图尺寸以中心线长度计算；始端箱、分线箱按设计图示数量计算；而重型母线按设计图示尺寸以重量计算。

例如，某工程设计图示的工程内容有 300m 带形铜母线安装。

依据表 3-9 中，030403003 带形母线的项目特征：名称、型号；规格；材质；绝缘子、穿墙套管、穿通板、母线桥、引下线、伸缩节、过渡板的材质、规格及分相漆品种来表述。

如果该工程还有其他规格的铜带形母线，就在最后的 001 号依此往下编码。

从表 3-9 中可看出其计量单位是“m”，这是必须采用的单位。计算规则为按设计图示尺寸以单线长度计算。

该项应综合的内容见其工程的内容栏：

1）母线安装。

2）穿通板制作、安装。

3）支持绝缘子、穿墙套管的耐压试验、安装。

4）引下线安装。

5）伸缩节安装。

6）过渡板安装。

7）刷分相漆。

以上各项凡要求承包商做的，均应在描述该清单项目时予以说明，便于投标报价。

（2）其他相关说明

1）有关预留长度，在做清单项目综合单价时，按设计要求或施工验收规范的规定长度一并考虑。

2）清单的工程量为实体的净值，其损耗量由报价人根据自身情况而定。中介在做标底时，可参考定额的消耗量，无论是报价还是做标底，在参考定额时，要注意主要材料及辅材的消耗量在定额中的有关规定。如母线安装定额中就没有包括主辅材的消耗量。

3.3.2 母线安装工程定额工程量计算规则

1. 定额工程计算说明

1）母线安装工程定额不包括支架、铁构件的制作、安装，发生时执行相应定额。

2）软母线、带形母线、槽型母线的安装定额内不包括母线、金具、绝缘子等主材，具体可按设计数量加损耗计算。

3）组合软导线安装工程定额不包括两端铁构件制作、安装和支持瓷瓶、带形母线的安装，发生时应执行相应定额。其跨距是按标准跨距综合考虑的，如实际跨距与定额不符时不作换算。

4）软母线安装工程定额是按单串绝缘子考虑的，如设计为双串绝缘子，其定额人工乘以系数1.08。

5）软母线的引下线、跳线、设备连线均按导线截面分别执行定额。不区分引下线、跳线和设备连线。

6）带形钢母线安装执行铜母线安装定额。

7）带形母线伸缩节头和铜过渡板均按成品考虑，定额只考虑安装。

8）高压共箱母线和低压封闭式插接母线槽均按制造厂供应的成品考虑，定额只包含现场安装。封闭式插接母线槽在竖井内安装时，人工和机械乘以系数2.0。

2. 定额工程量计算规则

1）悬垂绝缘子串安装，指垂直或V型安装的提挂导线、跳线、引下线、设备连接线或设备等所用的绝缘子串安装，按单、双串分别以“串”为计量单位。耐张绝缘子串的安装，已包括在软母线安装定额内。

2）支持绝缘子安装分别按安装在户内、户外、单孔、双孔、四孔固定，以“个”为计量单位。

3）穿墙套管安装不分水平、垂直安装，均以“个”为计量单位。

4）软母线安装，指直接由耐张绝缘子串悬挂部分，按软母线截面大小分别以“跨/三相”为计量单位。设计跨距不同时，不得调整。导线、绝缘子、线夹、弛度调节金具等均按施工图设计用量加定额规定的损耗率计算。

5）软母线引下线，指由T型线夹或并沟线夹从软母线引向设备的连接线，以“组”

为计量单位，每三相为一组；软母线经终端耐张线夹引下（不经 T 型线夹或并沟线夹引下）与设备连接的部分均执行引下线定额，不得换算。

6）两跨软母线间的跳引线安装，以“组”为计量单位，每三相为一组。不论两端的耐张线夹是螺栓式或压接式，均执行软母线跳线定额，不得换算。

7）设备连接线安装，指两设备间的连接部分。不论引下线、跳线、设备连接线，均应分别按导线截面、三相为一组计算工程量。

8）组合软母线安装，按三相为一组计算，跨距（包括水平悬挂部分和两端引下部分之和）系以 45m 以内考虑，跨度的长与短不得调整。导线、绝缘子、线夹、金具按施工图设计用量加定额规定的损耗率计算。

9）软母线安装预留长度按表 3-10 计算。

10）带型母线安装及带型母线引下线安装包括铜排、铝排，分别以不同截面和片数以“m/单相”为计量单位。母线和固定母线的金具均按设计量加损耗率计算。

11）钢带型母线安装，按同规格的铜母线定额执行，不得换算。

12）母线伸缩接头及铜过渡板安装，均以“个”为计量单位。

13）槽型母线安装以“m/单相”为计量单位。槽型母线与设备连接，分别以连接不同的设备以“台”为计量单位。槽型母线及固定槽型母线的金具按设计用量加损耗率计算。壳的大小尺寸以“m”为计量单位，长度按设计共箱母线的轴线长度计算。

14）低压（380V 以下）封闭式插接母线槽安装，分别按导体的额定电流大小以“m”为计量单位，长度按设计母线的轴线长度计算，分线箱以“台”为计量单位，分别以电流大小按设计数量计算。

15）重型母线安装包括铜母线、铝母线，分别按截面大小以母线的成品质量以“t”为计量单位。

16）重型铝母线接触面加工指铸造件需加工接触面时，可以按其接触面大小，分别以“片/单相”为计量单位。

17）硬母线配置安装预留长度按表 3-11 的规定计算。

18）带形母线、槽形母线安装均不包括支持瓷瓶安装和钢构件配置安装，其工程量应分别按设计成品数量执行相应定额。

3.3.3 母线安装工程工程量计算与清单编制实例

【例 3-3】 某工程设计要求工程信号盘 3 块，直流盘 5 块，共计 8 块，每盘宽 1200mm，安装小母线，共 20 根，试计算小母线安装总长度。

【解】

$$8\times1.2\times20+20\times0.5=202\text{m}=20.2\ (10\text{m})$$

【例 3-4】 某电气工程有 8 台高压配电柜，每台柜宽 1000m，高压配电柜二次回路，设有闪光母线、灯母线、控制母线、绝缘考察母线等小母线共 9 根。试计算小母线工程量。

【解】

$$L=(1\times8+0.5\times8)\times9=108\ (\text{m})$$

3.4 控制设备及低压电器安装工程工程量计算及清单编制实例

3.4.1 控制设备及低压电器安装工程清单工程量计算规则

1. 工程量清单计算规则

控制设备及低压电器安装工程量清单项目设置、项目特征描述的内容、计量单位及工程量计算规则，应按表 3-12 的规定执行。

表 3-12 控制设备及低压电器安装（编码：030404）

<table>
<tr><th>项目编码</th><th>项目名称</th><th>项 目 特 征</th><th>计量单位</th><th>工程量计算规则</th><th>工作内容</th></tr>
<tr><td>030404001</td><td>控制屏</td><td rowspan="4">1. 名称
2. 型号
3. 规格
4. 种类
5. 基础型钢形式、规格
6. 接线端子材质、规格
7. 端子板外部接线材质、规格
8. 小母线材质、规格
9. 屏边规格</td><td rowspan="4">台</td><td rowspan="4">按设计图示数量计算</td><td rowspan="3">1. 本体安装
2. 基础型钢制作、安装
3. 端子板安装
4. 焊、压接线端子
5. 盘柜配线、端子接线
6. 小母线安装
7. 屏边安装
8. 补刷（喷）油漆
9. 接地</td></tr>
<tr><td>030404002</td><td>断电、信号屏</td></tr>
<tr><td>030404003</td><td>模拟屏</td></tr>
<tr><td>030404004</td><td>低压开关柜（屏）</td><td>1. 本体安装
2. 基础型钢制作、安装
3. 端子板安装
4. 焊、压接线端子
5. 盘柜配线、端子接线
6. 屏边安装
7. 补刷（喷）油漆
8. 接地</td></tr>
</table>

续表 3-12

项目编码	项目名称	项 目 特 征	计量单位	工程量计算规则	工作内容
030404005	弱电控制返回屏	1. 名称 2. 型号 3. 规格 4. 种类 5. 基础型钢形式、规格 6. 接线端子材质、规格 7. 端子板外部接线材质、规格 8. 小母线材质、规格 9. 屏边规格	台	按设计图示数量计算	1. 本体安装 2. 基础型钢制作、安装 3. 端子板安装 4. 焊、压接线端子 5. 盘柜配线、端子接线 6. 小母线安装 7. 屏边安装 8. 补刷（喷）油漆 9. 接地
030404006	箱式配电室	1. 名称 2. 型号 3. 规格 4. 质量 5. 基础规格、浇筑材质 6. 基础型钢形式、规格	套		1. 本体安装 2. 基础型钢制作、安装 3. 基础浇筑 4. 补刷（喷）油漆 5. 接地
030404007	硅整流柜	1. 名称 2. 型号 3. 规格 4. 容量（A） 5. 基础型钢形式、规格	台		1. 本体安装 2. 基础型钢制作、安装 3. 补刷（喷）油漆 4. 接地
030404008	可控硅柜	1. 名称 2. 型号 3. 规格 4. 容量（kW） 5. 基础型钢形式、规格			

续表 3-12

项目编码	项目名称	项 目 特 征	计量单位	工程量计算规则	工作内容
030404009	低压电容器柜	1. 名称 2. 型号 3. 规格 4. 基础型钢形式、规格 5. 接线端子材质、规格 6. 端子板外部接线材质、规格 7. 小母线材质、规格 8. 屏边规格	台	按设计图示数量计算	1. 本体安装 2. 基础型钢制作、安装 3. 端子板安装 4. 焊、压接线端子 5. 盘柜配线、端子接线 6. 小母线安装 7. 屏边安装 8. 补刷（喷）油漆 9. 接地
030404010	自动调节磁力屏				
030404011	励磁灭磁屏				
030404012	蓄电池屏（柜）				
030404013	直流馈电屏				
030404014	事故照明切换屏				
030404015	控制台	1. 名称 2. 型号 3. 规格 4. 基础型钢形式、规格 5. 接线端子材质、规格 6. 端子板外部接线材质、规格 7. 小母线材质、规格			1. 本体安装 2. 基础型钢制作、安装 3. 端子板安装 4. 焊、压接线端子 5. 盘柜配线、端子接线 6. 小母线安装 7. 补刷（喷）油漆 8. 接地
030404016	控制箱	1. 名称 2. 型号 3. 规格 4. 基础型钢形式、规格 5. 接线端子材质、规格 6. 端子板外部接线材质、规格 7. 安装方式			1. 本体安装 2. 基础型钢制作、安装 3. 焊、压接线端子 4. 补刷（喷）油漆 5. 接地
030404017	配电箱				
030404018	插座箱	1. 名称 2. 型号 3. 规格 4. 安装方式			1. 本体安装 2. 接地

续表 3-12

项目编码	项目名称	项 目 特 征	计量单位	工程量计算规则	工作内容
030404019	控制开关	1. 名称 2. 型号 3. 规格 4. 接线端子材质、规格 5. 额定电流（A）	个	按设计图示数量计算	1. 本体安装 2. 焊、压接线端子 3. 接地
030404020	低压熔断器	1. 名称 2. 型号 3. 规格 4. 接线端子材质、规格			
030404021	限位开关				
030404022	控制器		台		
030404023	接触器				
030404024	磁力启动器				
030404025	Y—△自耦减压启动器				
030404026	电磁铁（电磁制动器）				
030404027	快速自动开关				
030404028	电阻器		箱		
030404029	油浸屏敏变阻器		台		
030404030	分流器	1. 名称 2. 型号 3. 规格 4. 容量（A） 5. 接线端子材质、规格	个		1. 本体安装 2. 焊、压接线端子 3. 接地
030404031	小电器	1. 名称 2. 型号 3. 规格 4. 接线端子材质、规格	个（套、台）		
030404032	端子箱	1. 名称 2. 型号 3. 规格 4. 安装部位	台		1. 本体安装 2. 接线

续表 3-12

项目编码	项目名称	项 目 特 征	计量单位	工程量计算规则	工作内容
030404033	风扇	1. 名称 2. 型号 3. 规格 4. 安装方式	台	按设计图示数量计算	1. 本体安装 2. 调速开关安装
030404034	照明开关	1. 名称 2. 型号 3. 规格 4. 安装部位	个		1. 本体安装 2. 接线
030404035	插座				
030404036	其他电器	1. 名称 2. 规格 3. 安装方式	个 （套、台）		1. 安装 2. 接线

注：1. 控制开关包括：自动空气开关、刀型开关、铁壳开关、胶盖刀闸开关、组合控制开关、万能转换开关、风机盘管三速开关、漏电保护开关等。

2. 小电器包括：按钮、电笛、电铃、水位电气信号装置、测量表计、继电器、电磁锁屏上辅助设备、辅助电压互感器、小型安全变压器等。

3. 其他电器安装指：本节未列的电器项目。

4. 其他电器必须根据电器实际名称确定项目名称，明确描述工作内容、项目特征、计量单位、计算规则。

5. 盘、箱、柜的外部进出电线预留长度见表 3-13。

表 3-13 盘、箱、柜的外部进出线预留长度 单位：m/根

序号	项 目	预留长度	说 明
1	各种箱、柜、盘、板	高+宽	按盘面尺寸
2	单独安装（无箱、盘）的铁壳开关、闸刀开关、启动器、线槽进出线盒、箱式电阻器、变阻器	0.5	从安装对象中心起算
3	继电器、控制开关、信号灯、按钮、熔断器等小电器	0.3	从安装对象中心起算
4	分支接头	0.2	分支线预留

2. 清单项目相关问题说明

表 3-12 适用于控制设备、各种控制屏、继电信号屏、模拟屏、配电室、整流柜、电气屏（柜）、成套配电箱、控制箱等；低压电器：各种控制开关、控制器、接触器、启动器及现阶段大量使用的集装箱式配电室等控制设备及低压电器安装工程的工程量清单项目设置与计量。

(1) 清单项目的设置与计量

表 3-12 的清单项目的特征：名称、型号、规格（容量），而且特征中的名称即实体的名称，所以设备就是项目的名称，只需表述其型号和规格就可以确定其具体编码。因此项

目名称的设置很直观、简单。

表3-12除电阻箱的计量单位按“箱”外，大部分为以“台”计量，个别以“套”“个”计量。计算规则均按设计图示数量计算。

例如某工程设计图示工程内容中，安装一台控制屏，该屏为成品、内部配线一切都配好。设计要求只需做基础槽钢和进出的接线。

依据表3-12控制屏（030404001）项目特征：名称、型号、规格、种类、屏边规格及基础型钢、接线端子、端子板外部接线、小母线的材质、规格，便可列出该清单项目的名称、编码和计量单位。结合设计要求，该项目的工程内容应为：

1）本体安装。

2）基础型钢制作、安装。

3）端子板安装。

4）焊、压接线端子。

5）盘柜配线、端子接线。

6）小母线安装。

7）屏边安装。

8）补刷（喷）油漆。

9）接地。

报价者（或标底编制者）按上述内容报价即可。

（2）其他相关说明

1）清单项目描述时，对各种铁构件如需镀锌、镀锡、喷塑等，需予以描述，以便计价。

2）凡导线进出屏、柜、箱、低压电器的，该清单项目描述时均应描述是否要焊、压接线端子。而电缆进出屏、柜、箱、低压电器的，可不描述焊、压接线端子，因为已综合在电缆敷设的清单项目中。

3）凡需做盘（屏、柜）配线的清单项目必须予以描述。

4）盘、柜、屏、箱等进出线的预留量（按设计要求或施工验收规范规定的长度）均不作为实物量，但必须在综合单价中体现。

3.4.2 控制设备及低压电器安装工程定额工程量计算规则

1. 定额工程量计算说明

1）控制设备及低压电器安装工程定额包括电气控制设备、低压电器的安装，盘、柜配线，焊（压）接线端子，穿通板制作、安装，基础槽、角钢及各种铁构件、支架制作、安装。

2）控制设备安装，除限位开关及水位电气信号装置外，其他均未包括支架制作、安装，发生时可执行相应定额。

3）控制设备安装未包括的工作内容：

①二次喷漆及喷字。

②电器及设备干燥。

③焊、压接线端子。

④端子板外部（二次）接线。

4）屏上辅助设备安装，包括标签框、光字牌、信号灯、附加电阻、连接片等，但不包括屏上开孔工作。

5）设备的补充油按设备考虑。

6）各种铁构件制作，均不包括镀锌、镀锡、镀铬、喷塑等其他金属防护费用，发生时应另行计算。

7）轻型铁构件系指结构厚度在 3mm 以内的构件。

8）铁构件制作、安装定额适用于定额范围内的各种支架、构件的制作、安装。

2. 定额工程量计算规则

1）控制设备及低压电器安装均以“台”为计量单位。以上设备安装均未包括基础槽钢、角钢的制作、安装，其工程量应按相应定额另行计算。

2）铁构件制作、安装均按施工图设计尺寸，以成品质量“kg”为计量单位。

3）网门、保护网制作、安装，按网门或保护网设计图示的框外围尺寸，以“m^2”为计量单位。

4）盘柜配线分不同规格，以“m”为计量单位。

5）盘、箱、柜的外部进出线预留长度按表 3-13 计算。

6）配电板制作、安装及包铁皮，按配电板图示外形尺寸，以“m^2”为计量单位。

7）焊（压）接线端子定额只适用于导线。电缆终端头制作、安装定额中已包括压接线端子，不得重复计算。

8）端子板外部接线按设备盘、箱（柜）、台的外部接线图计算，以“个”为计量单位。

9）盘、柜配线定额只适用于盘上小设备组件的少量现场配线，不适用于工厂的设备修、配、改工程。

3.4.3 控制设备及低压电器安装工程工程量计算与清单编制实例

【例 3-5】 有一个车间的动力支路管线平面图如图 3-1 所示，试求工程量。

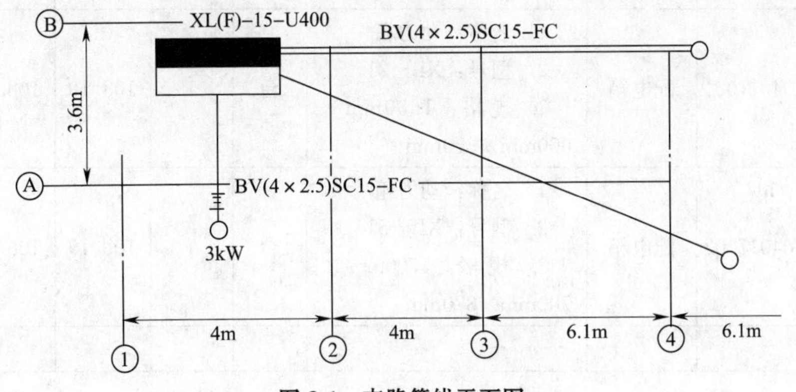

图 3-1 支路管线平面图

【解】

清单工程量：

配电箱：1 台

分部分项工程和单价措施项目清单与计价表见表 3-14。

表 3-14　分部分项工程和单价措施项目清单与计价表

工程名称：某车间工程

序号	项目编码	项目名称	项目特征描述	计量单位	工程量	金额（元）	
						综合单价	合价
1	030404017001	配电箱	1. 名称：动力配电箱（4回路以内） 2. 型号：XL（F）－15－U400	台	1		

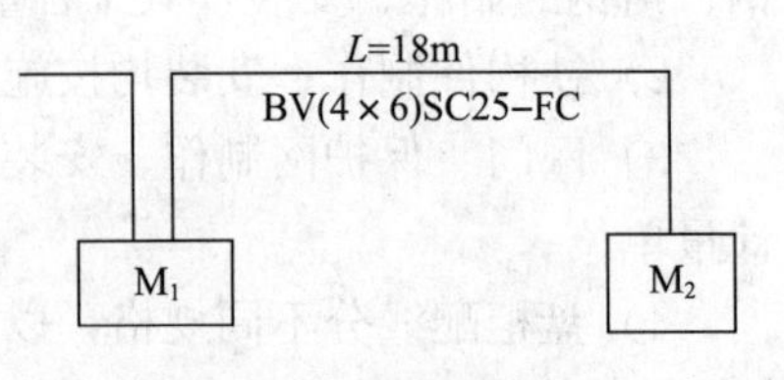

图 3-2　配线工程图

【例 3-6】　如图 3-2 所示某一配电工程，配电箱 2 台，M_1：XL－21 动力箱（1600mm×600mm×370mm），M_2：XL－51 动力箱（1700mm×700mm×370mm）。配线层高 2.8m，配电箱安装高度 1.8m，计算其工程量。

【解】

（1）清单工程量：

1）配电箱（XL－21）：1 台；

2）配电箱（XL－51）：1 台。

分部分项工程和单价措施项目清单与计价表见表 3-15。

表 3-15　分部分项工程和单价措施项目清单与计价表

工程名称：某配电工程

序号	项目编号	项目名称	项目特征描述	计量单位	工程数量	金额（元）		
						综合单价	合价	其中
								暂估价
1	030404017001	配电箱	1. 名称：动力箱 2. 型号：XL－21 3. 规格：1600mm×600mm×370mm	台	1	108.19	108.19	
2	030404017002	配电箱	1. 名称：动力箱 2. 型号：XL－51 3. 规格：1700mm×700mm×370mm	台	1	108.19	108.19	
合计							216.38	

（2）定额工程量：

1）配电箱 2 台。

套用《全国统一安装工程预算定额》GYD—202—2000 中 2-264 定额子目。

①人工费：41.80元/台×2台=83.60（元）；

②材料费：34.39元/台×2台=68.78（元）。

2）综合：

①直接费合计：83.60+68.78=152.38（元）；

②管理费：152.38元×34%=51.81（元）；

③利润：152.38元×8%=12.19（元）；

④总计：152.38+51.81+12.19=216.38（元）；

⑤综合单价：216.38元/2台=108.19元/台。

【例3-7】 某工程设计动力配电箱3台，其中：1台挂墙安装、型号为XLX（箱高0.5m、宽0.4m、深0.3m），电源进线为VV22－1KV4×25（G50），出线为BV－5×10（G32），共三个回路；另外2台落地安装，型号为XL（F）－15（箱高1.7m、宽0.8m、深0.6m），电源进线为VV22－1KV4×95（G80），出线为BV－5×16（G32），共四个回路。配电箱基础采用10#槽钢制作。试计算工程量并列出工程量清单。

【解】

（1）清单工程量：

1）配电箱（XLX）：1台；

2）配电箱（XL（F）－15）：2台。

分部分项工程和单价措施项目清单与计价表见表3-16。

表3-16 分部分项工程和单价措施项目清单与计价表

工程名称：某工程

序号	项目编码	项目名称	项目特征描述	计量单位	工程量	金额（元）	
						综合单价	合价
1	030404017001	配电箱	1. 型号：XLX 2. 规格：高0.5m，宽0.4m，深0.2m 3. 箱体安装 4. 压铜接线端子	台	1		
2	030404017002	配电箱	1. 型号：XL（F）－15 2. 规格：高1.7m，宽0.8m，深0.6m 3. 基础槽钢（10#）制作、安装 4. 箱体安装 5. 压铜接线端子	台	2		

（2）定额工程量：

1）基础槽钢制作、安装：

（0.8+0.6）×2=2.8m=0.28（10m）

2）压铜接线端子（$10mm^2$）：

$$5\times3=15\ 个=1.5\ （10\ 个）$$

3）压铜接线端子（$16mm^2$）：

$$5\times4\times2=40\ 个=4\ （10\ 个）$$

4）配电箱安装（XLX）：1 台；

5）配电箱安装［XL（F）－15］：2 台。

3.5 蓄电池安装工程工程量计算及清单编制实例

3.5.1 蓄电池安装工程清单工程量计算规则

1. 工程量清单计算规则

蓄电池安装工程量清单项目设置、项目特征描述的内容、计量单位及工程量计算规则，应按表 3-17 的规定执行。

表 3-17 蓄电池安装（编码：030405）

<table>
<tr><th>项目编码</th><th>项目名称</th><th>项 目 特 征</th><th>计量单位</th><th>工程量计算规则</th><th>工作内容</th></tr>
<tr><td>030405001</td><td>蓄电池</td><td>1. 名称
2. 型号
3. 容量（A·h）
4. 防振支架形式、材质
5. 充放电要求</td><td>个
（组件）</td><td rowspan="2">按设计图示数量计算</td><td>1. 本体安装
2. 防振支架安装
3. 充放电</td></tr>
<tr><td>030405002</td><td>太阳能电池</td><td>1. 名称
2. 型号
3. 规格
4. 容量
5. 安装方式</td><td>组</td><td>1. 安装
2. 电池方阵铁架安装
3. 联调</td></tr>
</table>

2. 清单项目相关问题说明

表 3-17 适用于包括碱性蓄电池、固定密闭式铅酸蓄电池和免维护铅酸蓄电池、太阳能电池等各种蓄电池安装工程工程量清单项目设置与计量。

（1）清单项目的设置与计量

依据施工图所示的工程内容（指各项工程实体），对应表 3-17 的各项目特征：名称、型号、规格、容量、安装方式等，设置具体清单项目名称，并按对应的项目编号编好后三位编码。

表 3-17 中的蓄电池计量单位为“个（组件）”，太阳能电池的计量单位是“组”。免维护铅酸蓄电池的表现形式为“组件”，因此也可称多少个组件。计算规则按设计图示数量计算。

（2）其他相关说明

1）如果设计要求蓄电池抽头连接用电缆及电缆保护管时，应在清单项目中予以描述，以便计价。

2）蓄电池电解液如需承包方提供，亦应描述。

3）蓄电池充放电费用综合在安装单价中，按“组”充放电，但需摊到每一个蓄电池的安装综合单价中报价。

3.5.2　蓄电池安装工程定额工程量计算规则

1. 定额工程量计算说明

1）蓄电池安装工程定额适用于220V以下各种容量的碱性和酸性固定型蓄电池及其防震支架安装、蓄电池充放电。

2）蓄电池防振支架按随设备供货考虑，安装按地坪打眼装膨胀螺栓固定。

3）蓄电池电极连接条、紧固螺栓、绝缘垫，均按设备带有考虑。

4）蓄电池安装工程定额不包括蓄电池抽头连接用电缆以及电缆保护管的安装，发生时应执行相应的项目。

5）碱性蓄电池补充电解液由厂家随设备供货。铅酸蓄电池的电解液已包括在定额内，不另行计算。

6）蓄电池充放电电量已计入定额，不论酸性、碱性电池均按其电压和容量执行相应项目。

2. 定额工程量计算规则

1）铅酸蓄电池和碱性蓄电池安装，分别按容量大小以单体蓄电池“个”为计量单位，按施工图设计的数量计算工程量。定额内已包括了电解液的材料消耗，执行时不得调整。

2）免维护蓄电池安装以“组件”为计量单位。其具体计算如下所述：

某项工程设计一组蓄电池为220V/500（A・h），由12V的组件18个组成，那么就应该套用12V/500（A・h）的定额18组件。

3）蓄电池充放电按不同容量以“组”为计量单位。

3.5.3　蓄电池安装工程工程量计算与清单编制实例

【例3-8】　某工程设计安装6－QA－40S型蓄电池15个，额定电压为12V，额定容量为40A・h，试求蓄电池的清单工程量。

【解】

清单工程量：

蓄电池清单工程量：15个

分部分项工程和单价措施项目清单与计价表见表3-18。

表3-18　分部分项工程和单价措施项目清单与计价表

工程名称：××工程

序号	项目编码	项目名称	项目特征描述	计量单位	工程量	金额（元）	
						综合单价	合价
1	030405001001	蓄电池	1. 蓄电池 2. 型号：6－QA－40S 3. 额定电压：12V 4. 额定容量：40A・h	个	15		

3.6 电机检查接线及调试工程量计算及清单编制实例

3.6.1 电机检查接线及调试工程清单工程量计算规则

1. 工程量清单计算规则

电机检查接线及调试工程量清单项目设置、项目特征描述的内容、计量单位及工程量计算规则，应按表 3-19 的规定执行。

表 3-19 电机检查接线及调试（编码：030406）

<table>
<tr><th>项目编码</th><th>项目名称</th><th>项目特征</th><th>计量单位</th><th>工程量计算规则</th><th>工作内容</th></tr>
<tr><td>030406001</td><td>发电机</td><td rowspan="3">1. 名称
2. 型号
3. 容量（kW）
4. 接线端子材质、规格
5. 干燥要求</td><td rowspan="7">台</td><td rowspan="7">按设计图示数量计算</td><td rowspan="7">1. 检查接线
2. 接地
3. 干燥
4. 调试</td></tr>
<tr><td>030406002</td><td>调相机</td></tr>
<tr><td>030406003</td><td>普通小型直流电动机</td></tr>
<tr><td>030406004</td><td>可控硅调速直流电动机</td><td>1. 名称
2. 型号
3. 容量（kW）
4. 类型
5. 接线端子材质、规格
6. 干燥要求</td></tr>
<tr><td>030406005</td><td>普通交流同步电动机</td><td>1. 名称
2. 型号
3. 容量（kW）
4. 启动方式
5. 电压等级（kV）
6. 接线端子材质、规格
7. 干燥要求</td></tr>
<tr><td>030406006</td><td>低压交流异步电动机</td><td>1. 名称
2. 型号
3. 容量（kW）
4. 控制保护方式
5. 接线端子材质、规格
6. 干燥要求</td></tr>
<tr><td>030406007</td><td>高压交流异步电动机</td><td>1. 名称
2. 型号
3. 容量（kW）
4. 保护类型
5. 接线端子材质、规格
6. 干燥要求</td></tr>
</table>

续表 3-19

<table>
<tr><th>项目编码</th><th>项目名称</th><th>项 目 特 征</th><th>计量单位</th><th>工程量计算规则</th><th>工作内容</th></tr>
<tr><td>030406008</td><td>交流变频调速电动机</td><td>1. 名称
2. 型号
3. 容量（kW）
4. 类别
5. 接线端子材质、规格
6. 干燥要求</td><td>台</td><td rowspan="5">按设计图示数量计算</td><td rowspan="4">1. 检查接线
2. 接地
3. 干燥
4. 调试</td></tr>
<tr><td>030406009</td><td>微型电机、电加热器</td><td>1. 名称
2. 型号
3. 规格
4. 接线端子材质、规格
5. 干燥要求</td><td>台</td></tr>
<tr><td>030406010</td><td>电动机组</td><td>1. 名称
2. 型号
3. 电动机台数
4. 连锁台数
5. 接线端子材质、规格
6. 干燥要求</td><td rowspan="2">组</td></tr>
<tr><td>030406011</td><td>备用励磁机组</td><td>1. 名称
2. 型号
3. 接线端子材质、规格
4. 干燥要求</td></tr>
<tr><td>030406012</td><td>励磁电阻器</td><td>1. 名称
2. 型号
3. 规格
4. 接线端子材质、规格
5. 干燥要求</td><td>台</td><td>1. 本地安装
2. 检查接线
3. 干燥</td></tr>
</table>

注：1. 可控硅调速直流电动机类型指一般可控硅调速直流电动机、全数字式控制可控硅调速直流电动机。

2. 交流变频调速电动机类型指交流同步变频电动机、交流异步变频电动机。

3. 电动机按其质量划分为大、中、小型：3t 以下为小型，3t～30t 为中型，30t 以上为大型。

2. 清单项目相关问题说明

表 3-19 适用于发电机、调相机、普通小型直流电动机、可控硅调速直流电动机、普通交流同步电动机、低压交流异步电动机、高压交流异步电动机、交流变频调速电动机、微型电机、电加热器、电动机组等的检查接线及调试的工程量清单项目设置和计算。

（1）清单项目的设置与计量

表 3-19 中的清单项目特征除共同的基本特征（如名称、型号、规格、干燥要求）外，还有表示其调试的特殊个性。这个特性直接影响到其接线调试费用，所以必须在项目名称中表述清楚。例如：

1）普通交流同步电动机的检查接线及调试项目，要注明启动方式：直接启动还是降压启动。

2）低压交流异步电动机的检查接线及调试项目，要注明控制保护类型：刀开关控制、电磁控制、非电量连锁、过流保护、速断过流保护及时限过流保护等。

3）电动机组检查接线调试项目，要表述机组的台数，如有连锁装置应注明连锁的台数。

表 3-19 中除电动机组、备用励磁机组以“组”为单位计量外，其他所有清单项目的计量单位均为“台”。计算规则按设计图示数量计算。

（2）其他相关说明

1）电机是否需要干燥应在项目中予以描述。

2）电机接线如需焊、压接线端子亦应描述。

3）按规范要求，从管口到电机接线盒间要有软管保护，项目应描述软管的材质和长度，报价时考虑在综合单价中。

4）工程内容中应描述“接地”要求，如接地线的材质、防腐处理等。

5）表 3-19 在检查接线项目中，按电机的名称、型号、规格（即容量）列出。而《全国统一安装工程预算定额》按中、大型列项，以单台质量在 3t 以下的为小型；单台质量在 3～30t 者为中型；单台质量 30t 以上者为大型。

在报价时，如果参考《全国统一安装工程预算定额》GYD—202—2000“电气设备安装工程”，就按电机铭牌上或产品说明书上的质量对应定额项目即可。

3.6.2 电机检查接线及调试工程定额工程量计算规则

1. 定额工程量计算说明

1）电机检查接线及调试工程定额中的专业术语“电机”是指发电机和电动机的统称。如小型电机检查接线定额，适用于同功率的小型发电机和小型电动机的检查接线，定额中的电机功率是指电机的额定功率。

2）直流发电机组和多台一串的机组，可按单台电机分别执行相应定额。

3）电机检查接线及调试工程定额的电机检查接线定额，除发电机和调相机外，均不包括电机的干燥工作，发生时应执行电机干燥定额。电机检查接线及调试工程定额的电机干燥定额是按一次干燥所需的人工、材料、机械消耗量考虑。

4）单台质量在 3t 以下的电机为小型电机，单台质量超过 3～30t 以下的电机为中型电机，单台质量在 30t 以上的电机为大型电机。大、中型电机不分交、直流电机，一律按电机质量执行相应定额。

5）微型电机分为三类：驱动微型电机（分马力电机）是指微型异步电动机、微型同步电动机、微型交流换向器电动机、微型直流电动机等，控制微型电机是指自整角机、旋转变压器、交直流测速发电机、交直流伺服电动机、步进电动机、力矩电动机等，电源微型电机系指微型电动发电机组和单枢变流机等。其他小型电机（功率在 0.75kW 以下的电机）均执行微型电机定额，但一般民用小型交流电风扇安装另执行《全国统一安装工程预算定额》GYD—202—2000“电气设备安装工程”中第十二章“风扇安装定额”。

6）各类电机的检查接线定额均不包括控制装置的安装和接线。

7）电机的接地线材质至今技术规范尚无新规定，电机检查接线及调试工程定额仍是沿用镀锌扁钢（25mm×4mm）编制的。如采用铜接地线时，主材（导线和接头）应更换，但安装人工和机械不变。

8）电机安装执行《全国统一安装工程预算定额》GYD—201—2000“机械设备安装工程”的电机安装定额，其电机的检查接线和干燥执行定额。

9）各种电机的检查接线，规范要求均需配有相应的金属软管，如设计有规定的，按设计规格和数量计算。如设计要求用包塑金属软管、阻燃金属软管或采用铝合金软管接头等，均按设计计算。设计没有规定时，平均每台电机配金属软管1～1.5m（平均按1.25m）。电机的电源线为导线时，应执行“压（焊）接线端子”定额。

2. 定额工程量计算规则

1）发电机、调相机、电动机的电气检查接线，均以“台”为计量单位。直流发电机组和多台一串的机组，按单台电机分别执行定额。

2）起重机上的电气设备、照明装置和电缆管线等安装，均执行定额的相应定额。

3）电气安装规范要求每台电机接线均需要配金属软管，设计有规定的，按设计规格和数量计算；设计没有规定的，平均每台电机配相应规格的金属软管1.25m和与之配套的金属软管专用活接头。

4）电机检查接线定额，除发电机和调相机外，均不包括电机干燥，发生时其工程量应按电机干燥定额另行计算。电机干燥定额是按一次干燥所需的工、料、机消耗量考虑，在特别潮湿的地方，电机需要进行多次干燥，应按实际干燥次数计算。在气候干燥、电机绝缘性能良好、符合技术标准而不需要干燥时，则不计算干燥费用。实行包干的工程，可参照以下比例，由有关各方协商而定。

①低压小型电机3kW以下，按25%的比例考虑干燥。

②低压小型电机3kW以上至220kW，按30%～50%考虑干燥。

③大、中型电机按100%考虑一次干燥。

5）电机解体检查定额，应根据需要选用。如不需要解体时，可只执行电机检查接线定额。

6）电机定额的界线划分：单台电机质量在3t以下的，为小型电机；单台电机质量在3t以上至30t以下的，为中型电机；单台电机质量在30t以上的为大型电机。

7）小型电机按电机类别和功率大小执行相应定额，大、中型电机不分类别一律按电机质量执行相应定额。

8）与机械同底座的电机和装在机械设备上的电机安装，执行《全国统一安装工程预算定额》GYD—201—2000“机械设备安装工程”的电机安装定额；独立安装的电机，执行电机安装定额。

3.6.3 电机检查接线及调试工程量计算与清单编制实例

【例3-9】 某工程需安装小型低压交流异步电动机，3kW，5台，检查其接线并调试，试计算其工程量。

【解】

（1）清单工程量：

低压交流异步电动机：5台

（2）定额工程量：

低压交流异步电动机：5台

(3) 清单项目每计量单位应包含的工程数量

低压交流异步电动机：5÷5=1（台）

(4) 分部分项工程和单价措施项目清单与计价表见表3-20。

表3-20　分部分项工程和单价措施项目清单与计价表

工程名称：××工程

序号	项目编号	项目名称	项目特征描述	计量单位	工程量	金额（元）		
						综合单价	合价	其中 暂估价
1	030406006001	低压交流异步电动机	3kW以下	台	5	148.26	741.3	
合　计							741.3	

(5) 根据企业情况确定管理费率170%，利润率110%，计费基础为人工费。综合单价分析表见表3-21。

表3-21　综合单价计算表

工程名称：某工程

项目编码	030406006001	项目名称	低压交流异步电动机	计量单位	台	工程数量	5

定额编号	定额项目名称	定额单位	数量	单价（元）				合价（元）			
				人工费	材料费	机械费	管理费和利润	人工费	材料费	机械费	管理费和利润
2-438	小型低压交流异步电动机	台	1	31.11	19.62	7.31	90.22	31.11	19.62	7.31	90.22
人工单价		小　计						31.11	19.62	7.31	90.22
23元/工日		未计价材料费						—			
清单项目综合单价（元）								148.26			

【例3-10】　如图3-3所示为一个职工宿舍楼的配电，该宿舍楼的配电是由临近的变电所提供的，另外在工厂内部还有一套供紧急停电情况下使用的发电系统。试求该配电工程所用仪器的工程量。

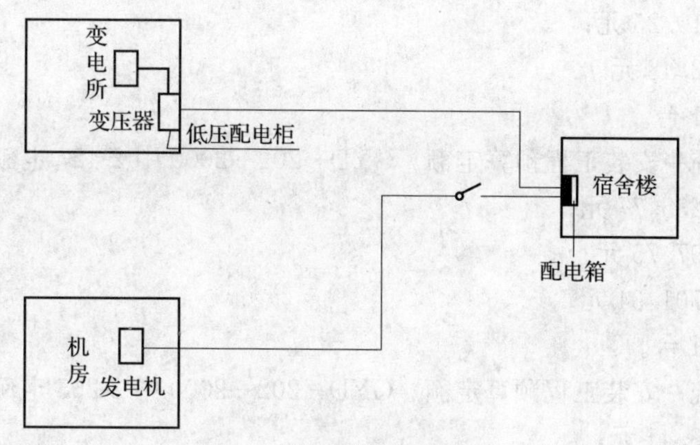

图 3-3　某宿舍楼的配电图

注：1. 整流变压器容量 500kV·A 以下。
2. 发电机为空冷式发电机，容量 1500kW 以下。
3. 配电箱为悬挂嵌入式，周长 2m。
4. 低压配电柜重量 30kg 以下。

【解】

(1) 清单工程量：

1) 整流变压器：1 台

2) 低压配电柜：1 台

3) 发电机：1 台

4) 配电箱：1 台

分部分项工程和单价措施项目清单与计价表见表 3-22。

表 3-22　分部分项工程和单价措施项目清单与计价表

工程名称：某宿舍楼电气工程

序号	项目编码	项目名称	项目特征描述	计量单位	工程量	金额（元）	
						综合单价	合价
1	030401003001	整流变压器	容量 500kV·A 以下	台	1		
2	030406001001	发电机	空冷式发电机，容量 1500kW 以下	台	1		
3	030404017001	配电箱	悬挂嵌入式，周长 3m	台	1		
4	030404004001	低压开关柜（屏）	重量 30kg 以下	台	1		

(2) 定额工程量：

1) 整流变压器：1 台。

套用《全国统一安装工程预算定额》GYD—202—2000 中 2-10 定额子目。

①人工费：259.37 元；

②材料费：119.25元；
③机械费：72.48元。
2）发电机：1台。
套用《全国统一安装工程预算定额》GYD—202—2000中2-427定额子目。
①人工费：1235.77元；
②材料费：397.75元；
③机械费：1701.34元。
3）配电箱：1台。
套用《全国统一安装工程预算定额》GYD—202—2000中2-265定额子目。
①人工费：53.41元；
②材料费：36.84元；
③机械费：无。
4）低压配电柜：1台。
套用《全国统一安装工程预算定额》GYD—202—2000中2-77定额子目。
①人工费：8.13元；
②材料费：12.72元；
③机械费：无。

3.7 滑触线装置安装工程工程量计算及清单编制实例

3.7.1 滑触线装置安装工程清单工程量计算规则

1. 工程量清单计算规则

滑触线装置安装工程量清单项目设置、项目特征描述的内容、计量单位及工程量计算规则，应按表3-23的规定执行。

表3-23 滑触线装置安装（编码：030407）

项目编码	项目名称	项目特征	计量单位	工程量计算规则	工作内容
030407001	滑触线	1. 名称 2. 型号 3. 规格 4. 材质 5. 支架形式、材质 6. 移动软电缆材质、规格、安装部位 7. 拉紧装置类型 8. 伸缩接头材质、规格	m	按设计图示尺寸以单相长度计算（含预留长度）	1. 滑触线安装 2. 滑触线支架制作、安装 3. 拉紧装置及挂式支持器制作、安装 4. 移动软电缆安装 5. 伸缩接头制作、安装

注：1. 支架基础铁件及螺栓是否浇注需说明。
2. 滑触线安装预留长度见表3-24。

表 3-24　滑触线安装预留长度　单位：m/根

序号	项　目	预留长度	说　明
1	圆钢、铜母线与设备连接	0.2	从设备接线端子接口算起
2	圆钢、铜滑触线终端	0.5	从最后一个固定算起
3	角钢滑触线终端	1.0	从最后一个支持点算起
4	扁钢滑触线终端	1.3	从最后一个固定算起
5	扁钢母线分支	0.5	分支线预留
6	扁钢母线与设备连接	0.5	从设备接线端子接口算起
7	轻轨滑触线终端	0.8	从最后一个支持点算起
8	安全节能及其他滑触线终端	0.5	从最后一个固定算起

2. 清单项目相关问题说明

表 3-23 适用于轻型、节能型滑触线，扁钢、角钢、圆钢、工字钢滑触线及移动软电缆等各种滑触线安装工程量清单项目的设置与计量。

(1) 清单项目的设置与计量

表 3-23 中的清单项目特征为：名称、型号、规格、材质、支架形式、材质、移动软电缆材质、规格、安装部位、拉紧装置类型、伸缩接头材质、规格。而项目特征中的名称既为实体名称，亦为项目名称，直观、简单。但是规格却不然，如节能型滑触线的规格是用电流（A）来表述。

①角钢滑触线的规格：角钢的边长×厚度。

②扁钢滑触线的规格：扁钢截面长×宽。

③圆钢滑触线的规格：圆钢的直径。

工字钢、轻轨滑触线的规格是以每米质量（kg/m）表述。

表 3-23 中各清单项目的计量单位均为“m”。计算规则是按设计图示以单线长度计算（含预留长度）。

(2) 其他相关说明

1）清单项目应描述支架的基础铁件及螺栓是否由承包商浇筑。

2）沿轨道敷设软电缆清单项目，要说明是否包括轨道安装和滑轮制作的内容，以便报价。

3）滑触线安装的预留长度不作为实物量计量，按设计要求或规范规定长度，在综合单价中考虑。

3.7.2 滑触线装置安装工程定额工程量计算规则

1. 定额工程量计算说明

1）起重机的电气装置系按未经生产厂家成套安装和试运行考虑的，因此起重机的电机和各种开关、控制设备、管线及灯具等，均按分部分项定额编制预算。

2）滑触线支架的基础铁件及螺栓，按土建预埋考虑。

3）滑触线及支架的油漆，均按涂一遍考虑。

4）移动软电缆敷设未包括轨道安装及滑轮制作。

5）滑触线的辅助母线安装，执行《全国统一安装工程预算定额》GYD—202—2000“电气设备安装工程”中第三章“带形母线”安装定额。

6）滑触线伸缩器和座式电车绝缘子支持器的安装，已分别包括在“滑触线安装”和“滑触线支架安装”定额内，不另行计算。

7）滑触线及支架安装是按10m以下标高考虑的，如超过10m时，按“3.1.2　变压器安装工程定额工程量计算规则”第1款“电气设备安装工程定额总说明”的超高系数计算。

8）铁构件制作，执行相应项目。

2. 定额工程量计算规则

1）起重机上的电气设备、照明装置和电缆管线等安装，均执行相应定额。

2）滑触线安装以“m/单相”为计量单位，其附加和预留长度按表3-24的规定计算。

3）电气安装规范要求每台电机接线均需要配金属软管，设计有规定的，按设计规格和数量计算；设计没有规定的，平均每台电机配相应规格的金属软管1.25m和之配套的金属软管专用活接头。

3.7.3　滑触线装置安装工程工程量计算与清单编制实例

【例3-11】　如图3-4、图3-5所示某工程电气动力滑触线安装工程图，滑触线支架∟50×50×5，每米重3.77kg，采用螺栓固定；滑触线∟40×40×4，每米重2.422kg，两端设置指示灯。试计算清单工程量。

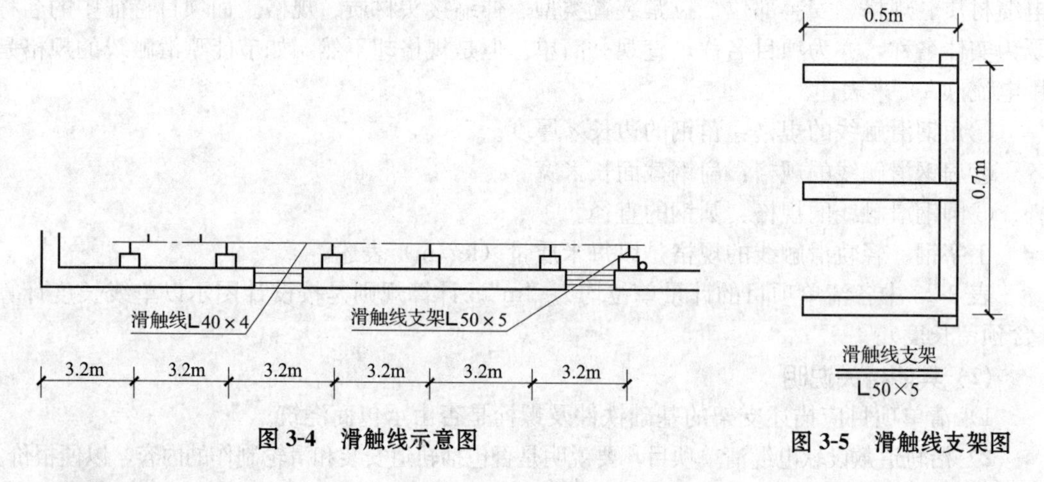

图3-4　滑触线示意图　　**图3-5　滑触线支架图**

【解】

滑触线清单工程量：

$$(3.2\times5+1+1)\times3=54\ (\mathrm{m})$$

分部分项工程和单价措施项目清单与计价表见表3-25。

表3-25　分部分项工程和单价措施项目清单与计价表

工程名称：××工程

序号	项目编码	项目名称	项目特征描述	计量单位	工程量	金额（元）	
						综合单价	合价
1	030407001001	滑触线	1. ∟40×40×4 2. 每米重2.422kg	m	54		

【例 3-12】 某车间电气动力安装工程如图 3-6 所示，计算清单工程量。

（1）动力箱、照明箱均为定型配电箱，嵌墙暗装，箱底标高为＋1.4m。木制配电板现场制作后挂墙明装，底边标高＋1.5m，配电板上仅装置一铁壳开关。

（2）所有电缆、导线均穿钢保护管敷设。保护管除 N6 为沿墙、柱明配外，其他均为暗配，埋地保护管标高为－0.2m。N6 自配电板上部引至滑触线的电源配管，在②柱标高＋6.0m 处，接一长度为 0.5m 的弯管。

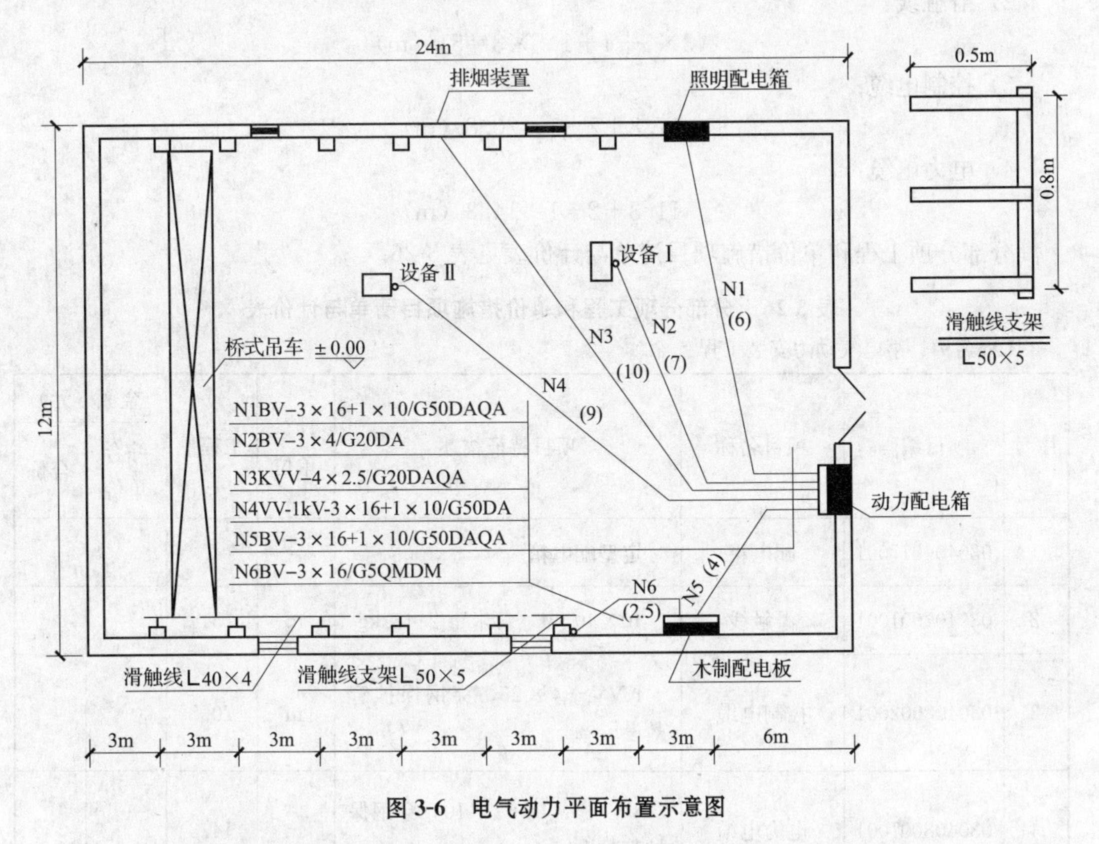

图 3-6 电气动力平面布置示意图

注：1. 室内外地坪标高相同（±0.00），图中尺寸标注均为 mm 计。

2. 配电箱、板尺寸：宽×高×厚，动力配电箱为 600×400×250；照明配电箱为 500×400×220；木制配电箱为 400×300×25。

3. 滑触线支架安装在柱上标高＋6.0m 处。

（3）两设备基础面标高＋0.3m，至设备电机处的配管管口高出基础面 0.2m，至排烟装置处的管口标高为＋6.0m，均连接一根长 0.8m 同管径的金属软管。

（4）电缆计算预留长度时不计算电缆敷设弛度、波形变度和交叉的附加长度。连接各设备处电缆、导线的预留长度为 1.0m，与滑触线连接处预留长度为 1.5m。电缆头为户内干包式，其附加长度不计。

（5）滑触线支架 150×50×5，每米重 3.77kg，采用螺栓固定；滑触线（40×40×4，每米重 2.422kg）两端设置指示灯。

(6) 图中管路旁括号内数字表示该管的平面长度。

【解】

清单工程量：

1) 配电箱：

① 照明配电箱：1台；

② 动力配电箱：1台。

2) 滑触线：

$$(3\times5+1+1)\times3=51\ (m)$$

3) 控制电缆：

$$17.8+2+1=20.8\ (m)$$

4) 电力电缆：

$$11.3+2+1=14.3\ (m)$$

分部分项工程和单价措施项目清单与计价表见表3-26。

表3-26　分部分项工程和单价措施项目清单与计价表

工程名称：某电气动力安装工程

序号	项目编码	项目名称	项目特征描述	计量单位	工程量	金额（元）	
						综合单价	合价
1	030404017001	配电箱	定型配电箱	台	2		
2	030407001001	滑触线	40×40×4，每米重2.422kg	m	51		
3	030408002001	控制电缆	KVV－4×25，穿钢保护管敷设	m	20.8		
4	030408001001	电力电缆	VV－3×16＋1×10，穿钢保护管敷设	m	14.3		

3.8　电缆安装工程工程量计算及清单编制实例

3.8.1　电缆安装工程清单工程量计算规则

1. 工程量清单计算规则

电缆安装工程量清单项目设置、项目特征描述的内容、计量单位及工程量计算规则，应按表3-27的规定执行。

表 3-27 电缆安装（编码：030408）

项目编码	项目名称	项 目 特 征	计量单位	工程量计算规则	工作内容
030408001	电力电缆	1. 名称 2. 型号 3. 规格 4. 材质 5. 敷设方式、部位 6. 电压等级（kV） 7. 地形	m	按设计图示尺寸以长度计算(含预留长度及附加长度)	1. 电缆敷设 2. 揭（盖）盖板
030408002	控制电缆				
030408003	电缆保护管	1. 名称 2. 材质 3. 规格 4. 敷设方式			保护管敷设
030408004	电缆槽盒	1. 名称 2. 材质 3. 规格 4. 型号		按设计图示尺寸以长度计算	槽盒安装
030408005	铺砂、盖保护板（砖）	1. 种类 2. 规格			1. 铺砂 2. 盖板（砖）
030408006	电力电缆头	1. 名称 2. 型号 3. 规格 4. 材质、类型 5. 安装部位 6. 电压等级（kV）	个	按设计图示数量计算	1. 电力电缆头制作 2. 电力电缆头安装 3. 接地
030408007	控制电缆头	1. 名称 2. 型号 3. 规格 4. 材质、类型 5. 安装方式			
030408008	防火堵洞	1. 名称 2. 材质 3. 方式 4. 部位	处		安装
030408009	防火隔板		m^2	按设计图示尺寸以面积计算	

续表 3-27

项目编码	项目名称	项目特征	计量单位	工程量计算规则	工作内容
030408010	防火涂料	1. 名称 2. 材质 3. 方式 4. 部位	kg	按设计图示尺寸以质量计算	安装
030408011	电缆分支箱	1. 名称 2. 型号 3. 规格 4. 基础形式、材质、类型	台	按设计图示数量计算	1. 本体安装 2. 基础制作、安装

注：1. 电缆穿刺线夹按电缆头编码列项。

2. 电缆井、电缆排管、顶管，应按现行国家标准《市政工程工程量计算规范》GB 50857—2013 相关项目编码列项。

3. 电缆敷设预留长度及附加长度见表 3-28。

表 3-28 电缆敷设预留及附加长度

序号	项目	预留长度	说明
1	电缆敷设弛度、波形弯度、交叉	2.5%	按电缆全长计算
2	电缆进入建筑物	2.0m	规范规定最小值
3	电缆进入沟内或吊架时引上（下）预留	1.5m	规范规定最小值
4	变电所进线、出线	1.5m	规范规定最小值
5	电力电缆终端头	1.5m	检修余量最小值
6	电缆中间接头盒	两端各留 2.0m	检修余量最小值
7	电缆进控制、保护屏及模拟盘、配电箱等	高＋宽	按盘面尺寸
8	高压开关柜及低压配电盘、箱	2.0m	盘下进出线
9	电缆至电动机	0.5m	从电动机接线盒起算
10	厂用变压	3.0m	地坪起算
11	电缆绕过梁柱等增加长度	按实计算	按被绕物的断面情况计算增加长度
12	电梯电缆与电缆架固定点	每处 0.5m	规范规定最小值

2. 清单项目相关问题说明

表3-27适用于电力电缆、控制电缆、电缆保护管、电缆槽盒、铺砂、盖保护板(砖)、电力电缆头、控制电缆头、防火堵洞、防火隔板、防火涂料、电缆分支箱等相关工程的工程量清单项目的设置和计量。其中电缆保护管敷设项目指埋地暗敷设或非埋地的明敷设两种；不适用于过路或过基础的保护管敷设。

(1) 清单项目设置与计量

表3-27中的各项目特征基本为：型号、规格、材质，但各有其表述法。如电缆敷设项目的规格指电缆截面；电缆保护管敷设项目的规格指管径；电缆桥架项目的规格指宽+高的尺寸，同时要表述材质（钢制、玻璃钢制或铝合金制）、类型（指槽式、梯式、托盘式、组合式等）；电缆阻燃盒项目的特征是型号、规格（尺寸）。以上所有特征均要表述清楚。

清单项目的计量单位大部分均为“m”，只有少数的计量单位是“个”、“处”、“kg”、“台”。各电缆安装的计量规则也各不相同，要根据具体选用情况，按表3-27的计算规则进行计算。

清单项目设置的方法：依据设计图示的工程内容（电缆敷设的方式、位置、桥架安装的位置等）对应表3-27的清单项目特征，列出对应的清单项目名称、编码。

(2) 其他相关说明

1）电缆沟土方工程量清单按《房屋建筑与装饰工程工程量计算规范》GB 50854—2013附录A“土石方工程”设置编码。项目表述时，要表明沟的平均深度、土质和铺砂盖砖的要求。

2）电缆敷设中所有预留量，应按设计要求或规范规定的长度，考虑在综合单价中，而不作为实物量。

3）电缆敷设需要综合的项目很多，一定要描述清楚。如其工程内容：电缆敷设；揭（盖）盖板；保护管敷设；槽盒安装；电力电缆头制作；电力电缆头安装；接地等。

3.8.2 电缆安装工程定额工程量计算规则

1. 定额工程量计算说明

1）电缆安装工程定额适用于10kV以下的电力电缆和控制电缆敷设。定额系按平原地区和厂内电缆工程的施工条件编制的，未考虑在积水区、水底、井下等特殊条件下的电缆敷设。

2）电缆在一般山地、丘陵地区敷设时，其定额人工乘以系数1.3。该地段所需的施工材料如固定桩、夹具等按实另计。

3）电缆安装工程定额未考虑因波形敷设增加长度、弛度增加长度、电缆绕梁（柱）增加长度以及电缆与设备连接、电缆接头等必要的预留长度，该增加长度应计入工程量之内。

4）这里的电力电缆头定额均按铝芯电缆考虑，铜芯电力电缆头按同截面电缆头定额乘以系数1.2，双屏蔽电缆头制作、安装，人工乘以系数1.05。

5）电力电缆敷设定额均按三芯（包括三芯连地）考虑，5芯电力电缆敷设定额乘以系数1.3，6芯电力电缆乘以系数1.6，每增加一芯定额增加30%，依此类推。单芯电力电缆敷设按同截面电缆定额乘以 0.67。截面 400mm^2 以上至 800mm^2 的单芯电力电缆敷设，按 400mm^2 电力电缆定额执行。240mm^2 以上的电缆头的接线端子为异型端子，需要单独加工，应按实际加工价计算（或调整定额价格）。

6）电缆沟挖填方定额亦适用于电气管道沟等的挖填方工作。

7）桥架安装。

①桥架安装包括运输、组合、螺栓或焊接固定、弯头制作、附件安装、切割口防腐、桥式或托板式开孔、上管件隔板安装、盖板及钢制梯式桥架盖板安装。

②桥架支撑架定额适用于立柱、托臂及其他各种支撑架的安装。定额已综合考虑了采用螺栓、焊接和膨胀螺栓三种固定方式。实际施工中，不论采用何种固定方式，定额均不作调整。

③玻璃钢梯式桥架和铝合金梯式桥架定额均按不带盖考虑。如这两种桥架带盖，则分别执行玻璃钢槽式桥架定额和铝合金槽式桥架定额。

④钢制桥架主结构设计厚度大于 3mm 时，定额人工、机械乘以系数 1.2。

⑤不锈钢桥架按钢制桥架定额乘以系数 1.1。

8）电缆敷设系综合定额，已将裸包电缆、铠装电缆、屏蔽电缆等因素考虑在内。因此，凡 10kV 以下的电力电缆和控制电缆均不分结构形式和型号，一律按相应的电缆截面和芯数执行定额。

9）电缆安装工程定额及其相配套的定额中均未包括主材（又称装置性材料），另按设计和工程量计算规则加上定额规定的损耗率计算主材费用。

10）直径 Φ100 以下的电缆保护管敷设执行配管配线有关定额。

11）电缆安装工程定额未包括的工作内容：

①隔热层、保护层的制作、安装。

②电缆冬季施工的加温工作和在其他特殊施工条件下的施工措施费和施工降效增加费。

2. 定额工程量计算规则

1）直埋电缆的挖、填土（石）方，除特殊要求外，可按表 3-29 计算土方量。

表 3-29 直埋电缆的挖、填土（石）方量

项目	电缆根数	
	1～2	每增 1 根
每米沟长挖方量（m^3）	0.45	0.153

注：1. 两根以内的电缆沟，系按上口宽度 600mm、下口宽度 400mm、深度 900mm 计算的常规土方量（深度按规范的最低标准）。

2. 每增加 1 根电缆，其宽度增加 170mm。

3. 以上土方量系按埋深从自然地坪起算，如设计埋深超过 900mm 时，多挖的土方量应另行计算。

2）电缆沟盖板揭、盖定额，按每揭或每盖一次以延长米计算，如又揭又盖，则按两次计算。

3）电缆保护管长度，除按设计规定长度计算外，遇有下列情况，应按以下规定增加保护管长度：

①横穿道路，按路基宽度两端各增加 2m。

②垂直敷设时，管口距地面增加 2m。

③穿过建筑物外墙时，按基础外缘以外增加 1m。

④穿过排水沟时，按沟壁外缘以外增加 1m。

4）电缆保护管埋地敷设，其土方量凡有施工图注明的，按施工图计算；无施工图的，一般按沟深 0.9m、沟宽按最外边的保护管两侧边缘外各增加 0.3m 工作面计算。

5）电缆敷设按单根以延长米计算，一个沟内（或架上）敷设 3 根各长 100m 的电缆，应按 300m 计算，依此类推。

6）电缆敷设长度应根据敷设路径的水平和垂直敷设长度，按表 3-28 规定增加附加长度。电缆附加及预留的长度是电缆敷设长度的组成部分，应计入电缆长度工程量之内。

7）电缆终端头及中间头均以“个”为计量单位。电力电缆和控制电缆均按一根电缆有两个终端头考虑。中间电缆头设计有图示的，按设计确定；设计没有规定的，按实际情况计算（或按平均 250m 一个中间头考虑）。

8）桥架安装，以“10m”为计量单位。

9）吊电缆的钢索及拉紧装置，应按相应定额另行计算。

10）钢索的计算长度以两端固定点的距离为准，不扣除拉紧装置的长度。

11）电缆敷设及桥架安装，应按定额说明的综合内容范围计算。

3.8.3　电缆安装工程工程量计算与清单编制实例

【例 3-13】　某电缆工程，采用电缆沟直埋铺砂盖砖，电缆均用 VV22（3×50mm＋1×35mm），进建筑物时电缆穿管 SC80，动力配电箱都是从 1＃配电室低压配电柜引入，沟深 1m，如图 3-7 所示，试计算定额工程量。

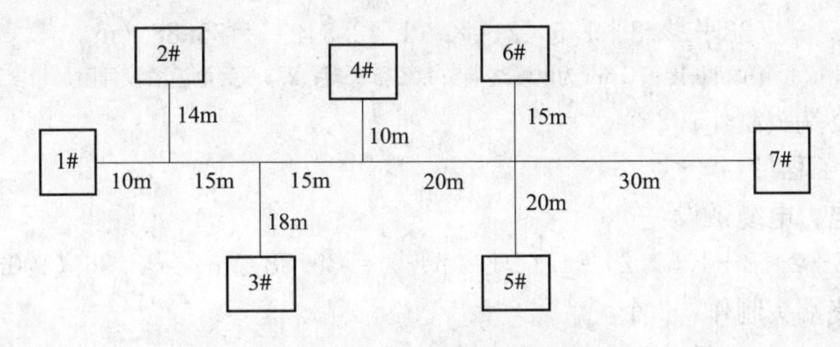

图 3-7　某电缆工程示意图

【解】

清单工程量：

1）电缆沟铺砂盖砖：

$$10+15+15+20+30+14+18+10+15+20=167\text{m}=1.67\ (100\text{m})$$

套用《全国统一安装工程预算定额》GYD—202—2000 中 2-529 定额子目。

①人工费：145.13×1.67＝242.37（元）；

②材料费：648.86×1.67＝1083.60（元）；

③机械费：无。

2）密封保护管：2×6＝12（根）。

套用《全国统一安装工程预算定额》GYD—202—2000 中 2-539 定额子目：

①人工费：130.50×12＝1566（元）；

②材料费：100.54×12＝1206.48（元）；

③机械费：10.70×12＝128.4（元）。

【例 3-14】　某车间电源配电箱 DLX（1.5m×0.8m）安装如图 3-8 所示，在 10 号基础槽钢上，车间内另一设备用配电线一台（0.8m×0.5m）墙上暗装，其电源有 DLX 以 ZR－VV－4×50＋1×16 穿电镀管 *DN*90 沿地面敷设引来（电缆、电镀管长 28m）。试计算工程量并编制工程量清单。

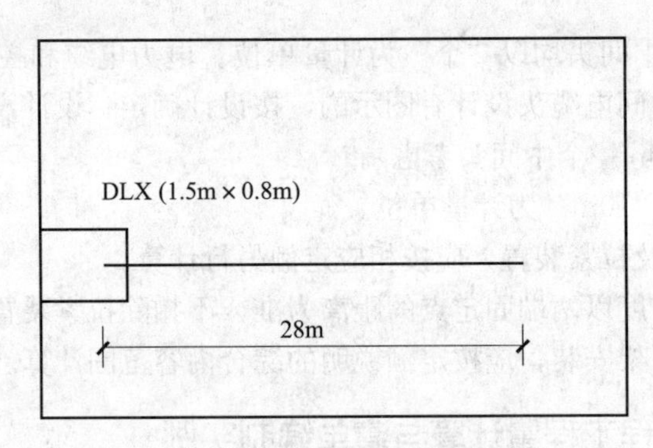

图 3-8　配电箱安装示意图

【解】

（1）清单工程量：

1）电力电缆：

$$(28+2\times2+1.5\times2)\times(1+2.5\%)=35.88\text{（m）}$$

注：2m 为进出配电箱预留长度；1.5m 为电缆终端头的预留长度；2.5%为电缆敷设的附加长度系数。

2）干包终端头制作：2 个

（2）定额工程量：

1）铜芯电力电缆敷设：

$$(28+2\times2+1.5\times2)\times(1+2.5\%)=35.88\text{（m）}\approx0.36\text{（100m）}$$

2）干包终端头制作：2 个

（3）清单项目每计量单位应包含的工程数量：

1）电力电缆：0.36÷35.88＝0.01（m）

2）干包终端头制作：2÷2＝1（个）

（4）分部分项工程和单价措施项目清单与计价表见表 3-30。

表 3-30 分部分项工程和单价措施项目清单与计价表

工程名称：某工厂车间电气工程

序号	项目编号	项目名称	项目特征描述	计量单位	工程量	金额（元）		
						综合单价	合价	其中 暂估价
1	030408001001	电力电缆	1. 铜芯电力电缆 2. 采用 2R－VV－1000－4×50＋1×16 3. 穿电镀管 *DN*90 4. 沿地面敷设引来	m	35.88	123.56	4433.33	
合计							4433.33	

（5）根据企业情况确定管理费率 170％，利润率 110％，计费基础为人工费。综合单价分析表见表 3-31。

表 3-31 综合单价分析表

工程名称：某工厂车间电气工程

项目编码	030408001001		项目名称	电力电缆		计量单位	m		工程量	35.88	
清单综合单价组成明细											
定额编号	定额项目名称	定额单位	数量	单价（元）				合价（元）			
				人工费	材料费	机械费	管理费和利润	人工费	材料费	机械费	管理费和利润
2-618	电力电缆敷设	m	0.01	163.24	164.03	5.15	457.07	1.63	1.64	0.05	4.57
2-626	干包终端头制作	个	1	12.77	67.14	—	35.76	12.77	67.14	—	35.76
人工单价		小计						14.4	68.78	0.05	40.33
35 元/工日		未计价材料费						—			
清单项目综合单价								123.56			

【例 3-15】 某电缆工程采用电缆沟敷设，沟长 250m，共 18 根电缆 VV22（3×120mm＋2×70mm），分四层，双边，支架镀锌。试计算工程量。

【解】

电力电缆清单工程量：

（250＋1.5＋1.5×2＋0.5×2＋3）×18＝4653（m）

注：电缆进建筑预留 1.5m；终端电缆头预留 1.5m，2 个，共 3m；水平到垂直两次，0.5×2；进入低压柜预留 3m；共 18 根。

分部分项工程和单价措施项目清单与计价表见表 3-32。

表 3-32 分部分项工程和单价措施项目清单与计价表

工程名称：某电缆工程

序号	项目编码	项目名称	项目特征描述	计量单位	工程量	金额（元）	
						综合单价	合价
1	030408001001	电力电缆	1. 铠装电力电缆 2. 规格、型号 VV22（3×120mm＋2×70mm） 3. 共 18 根	m	4653		

【例 3-16】 图 3-9 所示为某锅炉动力工程的平面图。其中，室内外地坪无高差，进

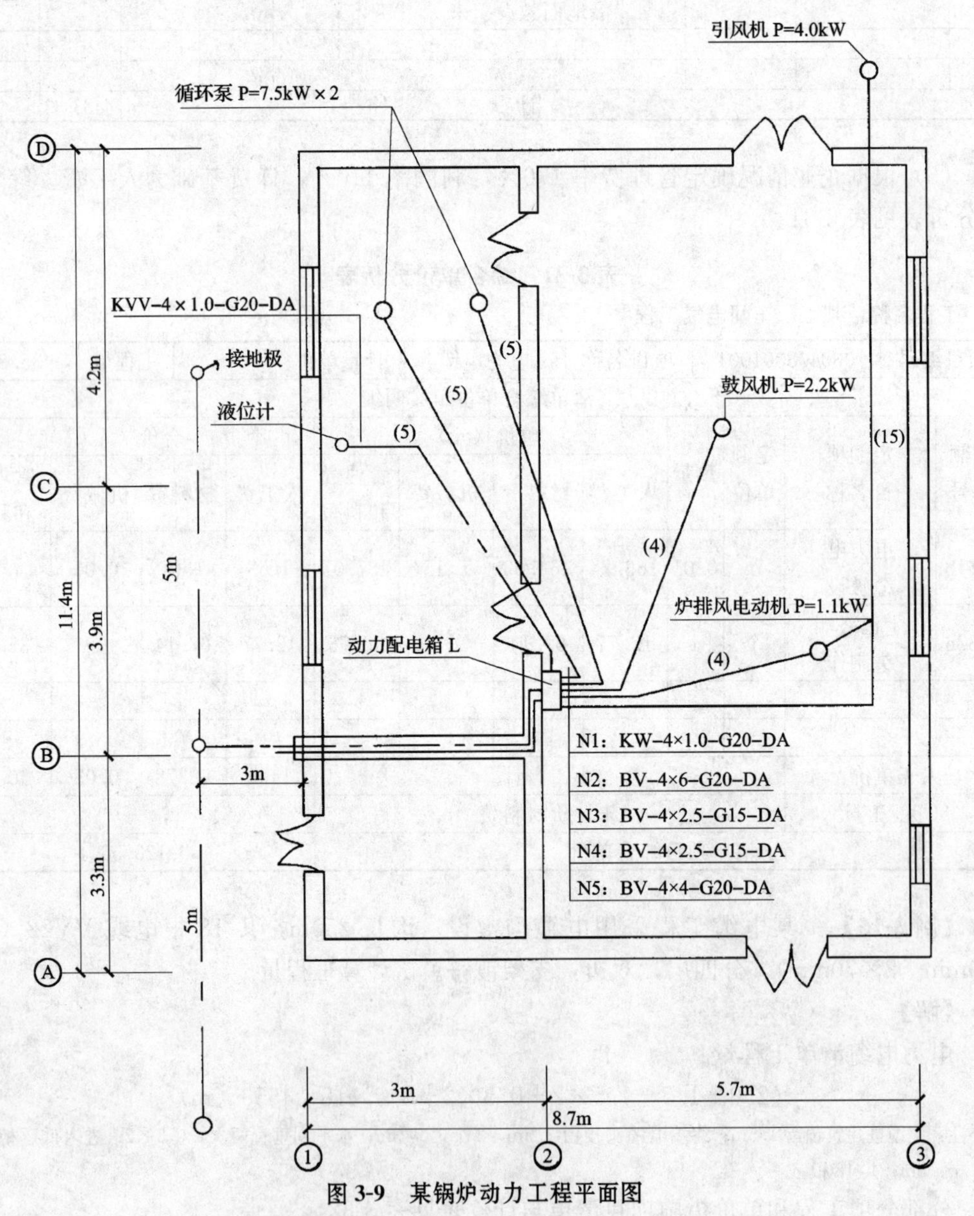

图 3-9 某锅炉动力工程平面图

户处重复接地；循环泵、炉排风机、液位计处线管管口高出地坪0.5m，鼓风机、引风机、电动机处管口高出地坪2m，所有电动机和液位计处的预留线均为1.00m，管道旁括号内数据为该管水平长度（单位：m）；动力配电箱为暗装，底边距地面1.40m，箱体尺寸宽×高×厚为400mm×300mm×200mm；接地装置为镀锌钢管G50、L=2.5m，埋深0.7m，接地母线采用-60×6镀锌扁钢（进外墙皮后，户内接地母线的水平部分长度为4m，进动力配电箱内预留0.5m）；电源进线不计算。试计算清单工程量。

【解】

清单工程量：

1）配电箱：1台；

2）接地装置：1项；

3）控制电缆：(7.3+1+2.0)×(1+2.5%)=10.56(m)

注：7.3为钢管敷设的电缆长度，电缆进液位计预留1.0m；电缆敷设时两端各预留1.0m。2.5%为弯曲等的预留系数。

4）接地极：3根。

分部分项工程和单价措施项目清单与计价表见表3-33。

表3-33 分部分项工程和单价措施项目清单与计价表

工程名称：某锅炉动力工程

序号	项目编码	项目名称	项目特征描述	计量单位	工程量	金额（元）	
						综合单价	合价
1	030404017001	配电箱	宽×高×厚 (400mm×300mm×200mm)	台	1		
2	030414011001	接地装置	镀锌钢管G50接地板，接地母线采用-60×6镀锌扁铜	项	1		
3	030408002001	控制电缆	KVV4×1	m	10.56		
4	030409001001	接地极	钢管接地极	根	3		

【例3-17】 某电缆工程，采用电缆沟直埋铺砂盖保护板，电缆均用VV22(4×50mm+2×25mm)，进建筑物时电缆穿管SC100，动力配电箱都是从1号配电室低压配电柜引入，沟深1.2m（图3-10）。试计算工程量。

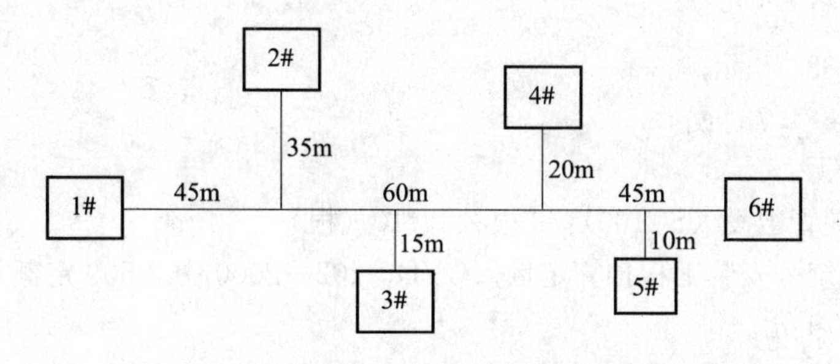

图3-10 某电缆工程平面图

【解】

(1) 清单工程量:

电力电缆工程量:

(45+60+45+35+15+20+10+2+1.5×6+4×2.28+5×2+1.5×2)×6

=1578.72 (m)

注:电缆进出低压配电室各预留 2m;电缆进建筑物预留 2m;电缆进动力箱预留 1.5m;电缆进出电缆沟两端各预留 1.5m;电缆敷设转弯,每个转弯处预留 2.28m。

分部分项工程和单价措施项目清单与计价表见表 3-34。

表 3-34 分部分项工程和单价措施项目清单与计价表

工程名称:某电缆工程

序号	项目编码	项目名称	项目特征描述	计量单位	工程量	金额(元)	
						综合单价	合价
1	030408001001	电力电缆	1. 铠装电力电缆 2. 规格、型号 VV22(4×50mm+2×25mm) 3. 电缆沟直埋铺砂盖保护板	m	1578.72		

(2) 定额工程量:

1) 电缆沟铺砂盖保护板:

45+35+60+15+20+45+10=230m=2.3(100m)

套用《全国统一安装工程预算定额》GYD—202—2000 中 2-531 定额子目。

基价:1951.99 元。

①人工费:145.13 元;

②材料费:1806.86 元;

③机械费:无。

2) 电缆沟铺砂盖保护板(每增加一根):

5×45+5×60+45=570m=5.7(100m)

套用《全国统一安装工程预算定额》GYD—202—2000 中 2-532 定额子目。

基价:903.51 元。

①人工费:38.78 元;

②材料费:864.73 元;

③机械费:无。

3) 电缆保护管敷设(SC100):2 根×5=10(根)

套用《全国统一安装工程预算定额》GYD—202—2000 中 2-539 定额子目。

基价:241.74 元。

①人工费:130.50 元;

②材料费:100.54 元;

③机械费：10.70元。

4）电缆敷设：

（45＋60＋45＋35＋15＋20＋10＋2＋1.5×6＋4×2.28＋5×2＋1.5×2）×6

＝1578.72m＝15.79（100m）

注：电缆进出低压配电室各预留2m；电缆进建筑物预留2m；电缆进动力箱预留1.5m；电缆进出电缆沟两端各预留1.5m；电缆敷设转弯，每个转弯处预留2.28m。

套用《全国统一安装工程预算定额》GYD—202—2000中2-619定额子目。

基价：602.51元。

①人工费：294.20元；

②材料费：272.27元；

③机械费：36.04元。

【例3-18】　图3-11所示为某工程通信电话系统图。该工程为8层楼建筑，层高为5m。控制中心设在第一层，设备均安装在第1层，为落地安装，出线从地沟，然后引到线槽处，垂直到每层楼的电气组件。电话设置50门程控交换机，每层设置5对电话和线箱一个，本楼用50门。垂直线路为线槽配线。从交接箱出来的电缆长度为8m。试计算其程量。

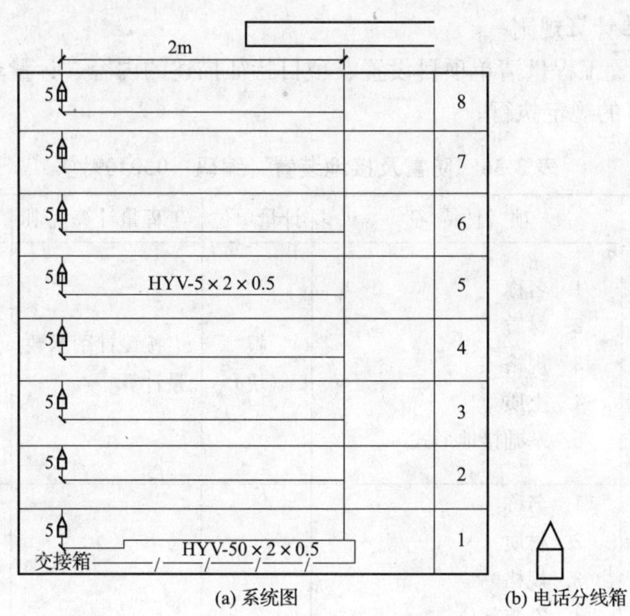

(a) 系统图　(b) 电话分线箱

图3-11　通信电话系统图

【解】

清单工程量：

1）线槽：5×8＝40（m）

2）电缆：（8＋5×8）＋（2×8）＝64（m）

注：8m为从交接箱出线的长度，5×8＝40m是从一层至八层的垂直电缆的长度；每层电缆长度2m，共8层。

3）交接箱：1台

分部分项工程和单价措施项目清单与计价表见表3-35。

表 3-35 分部分项工程和单价措施项目清单与计价表

工程名称：某建筑工程

序号	项目编码	项目名称	项目特征描述	计量单位	工程量	金额（元）	
						综合单价	合价
1	030411002001	线槽	2.5 以内 mm^2（单线）	m	40		
2	031103009001	电缆	HYV－50×2×0.5	m	64		
3	031103023001	交接箱	1. 有端子交接箱 2. 容量为 1800（回线）	台	1		

3.9 防雷及接地装置工程工程量计算及清单编制实例

3.9.1 防雷及接地装置工程清单工程量计算规则

1. 工程量清单计算规则

防雷及接地装置工程量清单项目设置、项目特征描述的内容、计量单位及工程量计算规则，应按表 3-36 的规定执行。

表 3-36 防雷及接地装置（编码：030409）

项目编码	项目名称	项 目 特 征	计量单位	工程量计算规则	工作内容
030409001	接地极	1. 名称 2. 材质 3. 规格 4. 土质 5. 基础接地形式	根（块）	按设计图示数量计算	1. 接地极（板、桩）制作、安装 2. 基础接地网安装 3. 补刷（喷）油漆
030409002	接地母线	1. 名称 2. 材质 3. 规格 4. 安装部位 5. 安装形式	m	按设计图示尺寸以长度计算（含附加长度）	1. 接地母线制作、安装 2. 补刷（喷）油漆
030409003	避雷引下线	1. 名称 2. 材质 3. 规格 4. 安装部位 5. 安装形式 6. 断接卡子、箱材质、规格			1. 避雷引下线制作、安装 2. 断接卡子、箱制作、安装 3. 利用主钢筋焊接 4. 补刷（喷）油漆

续表 3-36

项目编码	项目名称	项 目 特 征	计量单位	工程量计算规则	工作内容
030409004	均压环	1. 名称 2. 材质 3. 规格 4. 安装形式	m	按设计图示尺寸以长度计算（含附加长度）	1. 均压环敷设 2. 钢铝窗接地 3. 柱主筋与圈梁焊接 4. 利用圈梁钢筋焊接 5. 补刷（喷）油漆
030409005	避雷网	1. 名称 2. 材质 3. 规格 4. 安装形式 5. 混凝土块标号			1. 避雷网制作、安装 2. 跨接 3. 混凝土块制作 4. 补刷（喷）油漆
030409006	避雷针	1. 名称 2. 材质 3. 规格 4. 安装形式、高度	根	按设计图示数量计算	1. 避雷针制作、安装 2. 跨接 3. 补刷（喷）油漆
030409007	半导体少长针消雷装置	1. 型号 2. 高度	套		本体安装
030409008	等电位端子箱、测试板	1. 名称 2. 材质 3. 规格	台（块）		
030409009	绝缘垫		m^2	按设计图示尺寸以展开面积计算	1. 制作 2. 安装

续表 3-36

项目编码	项目名称	项 目 特 征	计量单位	工程量计算规则	工作内容
030409010	浪涌保护器	1. 名称 2. 规格 3. 安装形式 4. 防雷等级	个	按设计图示数量计算	1. 本体安装 2. 接线 3. 接地
030409011	降阻剂	1. 名称 2. 类型	kg	按设计图示以质量计算	1. 挖土 2. 施放降阻剂 3. 回填土 4. 运输

注：1. 利用桩基础作接地极，应描述桩台下桩的根数，每桩台下需焊接柱筋根数，其工程量按柱引下线计算。利用基础钢筋作接地极按均压环项目编码列项。
2. 利用柱筋作引下线的，需描述柱筋焊接根数。
3. 利用圈梁筋作均压环的，需描述圈梁筋焊接根数。
4. 使用电缆、电线作接地线，应按表 3-27、表 3-49 相关项目编码列项。
5. 接地母线、引下线、避雷网附加长度见表 3-37。

表 3-37 接地母线、引下线、避雷网附加长度 单位：m

项目	附加长度	说明
接地母线、引下线、避雷网附加长度	3.9%	按接地母线、引下线、避雷网全长计算

2. 清单项目相关问题说明

表 3-36 适用于接地装置和避雷装置安装等工程的工程量清单的编制与计量。接地装置包括生产、生活用的安全接地、防静电接地、保护地等一切接地装置的安装。避雷装置包括建筑物、构筑物、金属塔器等防雷装置，由受雷体、引下线、接地干线、接地极组成一个系统。

（1）清单项目的设置与计量

依据设计图关于接地或防雷装置的内容，对应表 3-36 的项目特征，表述其项目名称，并有相对应的编码、计量单位和计算规则。根据“工程内容”一栏的提示，描述该项目的工程内容，如避雷针系统，其特征有：

1）名称。

2）材质。

3）规格。

4）安装形式、高度。

例如，某建筑上设有避雷针防雷装置。清单项目名称为避雷针防雷系统安装。钢管 φ25，针长 2.5m，平屋面上安装，利用柱筋引下（2 根柱筋），接地极∟50×50×5 角钢，接地母线扁钢-40×4。

以上特征必须表述清楚。装设的部位也很重要，会影响到安装费用，如装在烟囱上；装在平面屋顶上；装在墙上；装在金属容器顶上；装在金属容器壁上；装在构筑物上。

引下线的形式主要是单设引下线还是利用柱筋引下。

描述在此显得更重要，因为计量单位为“m”，它要求必须把包括的内容说清楚。

“m”是按设计要求一个系统（接地电阻值）便可作为一项计量。每一项中应给出各项的数量，如接地极根数、引下线米数等。

(2) 其他相关说明

1) 利用桩基础作接地极时，应描述桩台下桩的根数，每桩几根柱筋需焊接。其工程量可计入柱引下线的工程量中一并计算。

2) 利用桩筋作引下线的，一定要描述是几根柱筋焊接作为引下线。

3) 每米的单价，要包括特征和“工程内容”中所有的各项费用之和。

3.9.2　防雷及接地装置工程定额工程量计算规则

1. 定额工程量计算说明

1) 防雷及接地装置工程定额适用于建筑物、构筑物的防雷接地，变配电系统接地，设备接地以及避雷针的接地装置。

2) 户外接地母线敷设定额是按自然地坪和一般土质综合考虑的，包括地沟的挖填土和夯实工作，执行防雷及接地装置工程定额时不应再计算土方量。如遇有石方、矿渣、积水、障碍物等情况时可另行计算。

3) 防雷及接地装置工程定额不适于采用爆破法施工敷设接地线、安装接地极，也不包括高土壤电阻率地区采用换土或化学处理的接地装置及接地电阻的测定工作。

4) 防雷及接地装置工程定额中，避雷针的安装、半导体少长针消雷装置安装，均已考虑了高空作业的因素。

5) 独立避雷针的加工制作执行《全国统一安装工程预算定额》GYD—202—2000“电气设备安装工程”第四章“控制设备及低压电器”中“一般铁构件”制作定额。

6) 防雷均压环安装定额是按利用建筑物圈梁内主筋作为防雷接地连接线考虑的。如果采用单独扁钢或网钢明敷作为均压环时，可执行“户内接地母线敷设”定额。

7) 利用铜绞线作为接地引下线时，配管、穿铜绞线执行《全国统一安装工程预算定额》GYD—202—2000“电气设备安装工程”第十二章“配管、配线”中同规格的相应项目。

2. 定额工程量计算规则

1) 接地极制作、安装以“根”为计量单位，其长度按设计长度计算。设计无规定时，每根长度按2.5m计算。若设计有管帽时，管帽另按加工件计算。

2) 接地母线敷设，按设计长度以“m”为计量单位计算工程量。接地母线、避雷线敷设，均按“延长米”计算，其长度按施工图设计水平和垂直规定长度另加3.9%的附加长度（包括转弯、上下波动、避绕障碍物、搭接头所占长度）计算。计算主材费时应另增加规定的损耗率。

3) 接地跨接线以“处”为计量单位。按防雷及接地相关规程规定，凡需作接地跨接线的工程内容，每跨接一次按一处计算。户外配电装置构架均需接地，每副构架按“一处”计算。

4) 避雷针的加工制作、安装，以“根”为计量单位，独立避雷针安装以“基”为计量单位。长度、高度、数量均按设计规定。独立避雷针的加工制作应执行“一般铁件”制作定额或按成品计算。

5) 半导体少长针消雷装置安装以“套”为计量单位，按设计安装高度分别执行相应定额。装置本身由设备制造厂成套供货。

6）利用建筑物内主筋作为接地引下线安装，以“10m”为计量单位，每一柱子内按焊接两根主筋考虑。如果焊接主筋数超过两根时，可按比例调整。

7）断接卡子制作、安装以“套”为计量单位，按设计规定装设的断接卡子数量计算。接地检查井内的断接卡子安装按每井一套计算。

8）高层建筑物屋顶的防雷接地装置应执行“避雷网安装”定额，电缆支架的接地线安装应执行“户内接地母线敷设”定额。

9）均压环敷设以“m”为单位计算，主要考虑利用圈梁内主筋作为均压环接地连线，焊接按两根主筋考虑。超过两根时，可按比例调整。长度按设计需要作为均压接地的圈梁中心线长度，以“延长米”计算。

10）钢、铝窗接地以“处”为计量单位（高层建筑六层以上的金属窗设计一般要求接地），按设计规定接地的金属窗数进行计算。

11）柱子主筋与圈梁连接以“处”为计量单位，每处按两根主筋与两根圈梁钢筋分别焊接连接考虑。如果焊接主筋和圈梁钢筋超过两根时，可按比例调整；需要连接的柱子主筋和圈梁钢筋“处”数按规定设计计算。

3.9.3 防雷及接地装置工程量计算与清单编制实例

【例 3-19】 有一高层建筑物层高 4m，檐高 96m，墙轴线总周长为 90m，试计算均压环焊接工程量和设在圈梁中的避雷带的工程量。

【解】

(1) 清单工程量：

因为均压环焊接每 3 层焊一圈，即每 12m 焊一圈，因此 30m 以下可以焊 2 圈：

$$2\times90=180\ (\text{m})$$

二圈以上（即 4m×3 层×2 圈=24m 以上）每两层设避雷带（网），工程量为：

$$(96-24)\div8=9\ (\text{圈})$$

$$90\times9=810\ (\text{m})$$

1）均压环焊接：

$$180\times(1+3.9\%)=187.02\ (\text{m})$$

2）设在圈梁中的避雷带（网）：

$$810\times(1+3.9\%)=841.59\ (\text{m})$$

分部分项工程和单价措施项目清单与计价表见表 3-38。

表 3-38 分部分项工程和单价措施项目清单与计价表

工程名称：某工程

序号	项目编码	项目名称	项目特征描述	计量单位	工程量	金额（元）	
						综合单价	合价
1	030409004001	均压环	利用圈梁内主筋作均压环接地连线，均压环焊接	m	187.02		
2	030409005001	避雷网	在圈梁中，设置避雷带（网）	m	841.59		

（2）定额工程量：

1）均压环焊接：

180×（1+3.9%）=187.02m=18.7（10m）

2）设在圈梁中的避雷带（网）：

810×（1+3.9%）=841.59m=84.16（10m）

套用《全国统一安装工程预算定额》GYD—202—2000 中 2-751 定额子目：

基价：17.27 元

①人工费：9.29 元；

②材料费：1.74 元；

③机械费：6.24 元。

3.10 10kV 以下架空配电线路工程工程量计算及清单编制实例

3.10.1 10kV 以下架空配电线路工程清单工程量计算规则

1. 工程量清单计算规则

10kV 以下架空配电线路工程量清单项目设置、项目特征描述的内容、计量单位及工程量计算规则，应按表 3-39 的规定执行。

表 3-39 10kV 以下架空配电线路（编码：030410）

项目编码	项目名称	项 目 特 征	计量单位	工程量计算规则	工作内容
030410001	电杆组立	1. 名称 2. 材质 3. 规格 4. 类型 5. 地形 6. 土质 7. 底盘、拉盘、卡盘规格 8. 拉线材质、规格、类型 9. 现浇基础类型、钢筋类型、规格，基础垫层要求 10. 电杆防腐要求	根（基）	按设计图示数量计算	1. 施工定位 2. 电杆组立 3. 土（石）方挖填 4. 底盘、拉盘、卡盘安装 5. 电杆防腐 6. 拉线制作、安装 7. 现浇基础、基础垫层 8. 工地运输
030410002	横担组装	1. 名称 2. 材质 3. 规格 4. 类型 5. 电压等级（kV） 6. 瓷瓶型号、规格 7. 金具品种规格	组		1. 横担安装 2. 瓷瓶、金具安装

续表 3-39

项目编码	项目名称	项目特征	计量单位	工程量计算规则	工作内容
030410003	导线架设	1. 名称 2. 材质 3. 规格 4. 地形 5. 跨越类型	km	按设计图示尺寸以单位长度计算（含预留长度）	1. 导线架设 2. 导线跨越及进户线架设 3. 工地运输
030410004	杆上设备	1. 名称 2. 型号 3. 规格 4. 电压等级（kV） 5. 支撑架种类、规格 6. 接线端子材质、规格 7. 接地要求	台（组）	按设计图示数量计算	1. 支撑架安装 2. 本体安装 3. 焊压接线端子、接线 4. 补刷（喷）油漆 5. 接地

注：1. 杆上设备调试，应按表 3-68 相关项目编码列项。
2. 架空导线预留长度见表 3-40。

表 3-40 架空导线预留长度

单位：m/根

项目		预留长度
高压	转角	2.5
	分支、终端	2.0
低压	分支、终端	0.5
	交叉跳线转角	1.5
与设备连线		0.5
进户线		2.5

2. 清单项目相关问题说明

表 3-39 适用于电杆组立、导线架设两大部分项目的工程量清单项目的设置与计量。

(1) 清单项目的设置与计量

依据设计图示的工程内容（以电杆组立为例），对应表 3-39 电杆组立的项目特征：名称；材质；规格；类型；地形；土质；底盘、拉盘、卡盘规格；拉线材质、规格、类型；现浇基础类型、钢筋类型、规格，基础垫层要求；电杆防腐要求。材质指电杆的材质，即木电杆还是混凝土杆；规格指杆长；种类指单杆、接腿杆、撑杆。

以上内容必须对项目表述清楚。

电杆组立的计量单位是“根（基）”，按设计图示数量计算。

在设置项目时，一定要按项目特征表述该清单项目名称。对其应综合的辅助项目（工程内容），也要描述到位，如电杆组立的工作内容：施工定位；电杆组立；土（石）方挖填；底盘、拉盘、卡盘安装；电杆防腐；拉线制作、安装；现浇基础、基础垫层；工地运输。

导线架设的项目特征为：名称、材质、规格、地形、跨越类型。导线的型号表示了材质，是铝线还是铜导线；规格是指导线的截面。

导线架设的工程内容描述为：导线架设；导线跨越、进户线架设及进户横担安装及工地运输。

导线架设的计量单位为“km”，按设计图示尺寸，按设计图示尺寸以单位长度计算（含预留长度）。

在设置清单项目时，对同一型号、同一材质，但规格不同的架空线路要分别设置项目，分别编码（最后三位码）。

（2）相关说明

1）杆坑挖填土清单项目按《通用安装工程工程量计算规范》GB 50856—2013 附录 A 的规定设置、编码。

2）杆上变配电设备项目按《通用安装工程工程量计算规范》GB 50856—2013。

中相关项目的规定度量与计量。

3）在需要时，对杆坑的土质情况、沿途地形予以描述。

4）架空线路的各种预留长度，按设计要求或施工及验收规范规定的长度计算在综合单价内。

3.10.2　10kV 以下架空配电线路工程定额工程量计算规则

1. 定额工程量计算说明

1）10kV 以下架空配电线路工程定额按平地施工条件考虑，如在其他地形条件下施工时，其人工和机械按表 3-41 地形系数予以调整。

表 3-41　地形系数

地形类别	丘陵（市区）	一般山地、泥沼地带
调整系数	1.20	1.60

2）地形划分的特征。

①平地：地形比较平坦、地面比较干燥的地带。

②丘陵：地形有起伏的矮岗、土丘等地带。

③一般山地：一般山岭或沟谷地带、高原台地等。

④泥沼地带：经常积水的田地或泥水淤积的地带。

3）预算编制中，全线地形分几种类型时，可按各种类型长度所占百分比求出综合系数进行计算。

4）土质分类。

①普通土：种植土、黏砂土、黄土和盐碱土等，主要利用锹、铲即可挖掘的土质。

②坚土：土质坚硬难挖的红土、板状黏土、重块土、高岭土，必须用铁镐、条锄挖松，再用锹、铲挖掘的土质。

③松砂石：碎石、卵石和土的混合体，各种不坚实的砾岩、页岩、风化岩及节理和裂缝较多的岩石等（不需用爆破方法开采的），需要镐、撬棍、大锤、楔子等工具配合才能挖掘者。

④岩石：一般为坚实的粗花岗岩、白云岩、片麻岩、玢岩、石英岩、大理岩、石灰岩、石灰质胶结的密实砂岩的石质，不能用一般挖掘工具进行开挖，必须采用打眼、爆破或打凿才能开挖的石质。

⑤泥水：坑的周围经常积水，坑的土质松散，如淤泥和沼泽地等挖掘时因水渗入和浸

润而成泥浆，容易坍塌，需用挡土板和适量排水才能施工。

⑥流砂：坑的土质为砂质或分层砂质，挖掘过程中砂层有上涌现象，容易坍塌，挖掘时需排水和采用挡土板才能施工。

5）主要材料运输质量的计算按表3-42规定执行。

表3-42　主要材料运输质量计算

材料名称		单　位	运输质量（kg）	备　注
混凝土制品	人工浇制	—	2600	包括钢筋
	离心浇制	—	2860	包括钢筋
线材	导线	kg	$W\times1.15$	有线盘
	钢绞线	kg	$W\times1.07$	无线盘
木杆材料		—	450	包括木横担
金具、绝缘子		kg	$W\times1.07$	—
螺栓		kg	$W\times1.01$	—

注：1. W为理论质量。

2. 未列入者均按净重计算。

6）线路一次施工工程量按5根以上电杆考虑；如5根以内者，其全部人工、机械乘以系数1.3。

7）若出现钢管杆的组立，按同高度混凝土杆组立的人工、机械乘以系数1.4，材料不调整。

8）导线跨越架设。

①每个跨越间距均按50m以内考虑，大于50m且小于100m时，按2处计算，依此类推。

②在同跨越挡内，有多种（或多次）跨越物时，应根据跨越物种类分别执行定额。

③跨越定额仅考虑因跨越而多耗的人工、机械台班和材料，在计算架线工程量时，不扣除跨越挡的长度。

9）杆上变压器安装不包括变压器调试、抽心、干燥工作。

2. 定额工程量计算规则

1）工地运输是指定额内未计价材料从集中材料堆放点或工地仓库运至杆位上的工程运输，分人力运输和汽车运输，以“吨·千米”（t·km）为计量单位。

运输量计算公式如下：

$$工程运输量=施工图用量\times(1+损耗率) \tag{3-1}$$

$$预算运输质量=工程运输量+包装物质量（不需要包装的可不计算包装物质量） \tag{3-2}$$

2）无底盘、卡盘的电杆坑，其挖方体积为：

$$V=0.8\times0.8\times h \tag{3-3}$$

式中　V——土（石）方体积（m^3）；

h——坑深（m）。

3）电杆坑的马道土、石方量按每坑$0.2m^3$计算。

4）施工操作裕度按底拉盘底宽每边增加0.1m。

5）各类土质的放坡系数按表3-43计算。

表 3-43 各类土质的放坡系数

土质	普通土、水坑	坚土	松砂石	泥水、流砂、岩石
放坡系数	1∶0.3	1∶0.25	1∶0.2	不放坡

6）冻土厚度大于 300mm 时，冻土层的挖方量按挖坚土定额乘以系数 2.5。其他土层仍按土质性质执行定额。

7）土方量计算公式：

$$V=\frac{h}{6\times\left[ab+(a+a_1)(b+b_1)+a_1+b_1\right]} \tag{3-4}$$

式中 a（b）——坑底宽（m），a（b）＝底拉盘底宽＋2×每边操作裕度；

a_1（b_1）——坑底宽（m），a_1（b_1）＝a（b）＋$2h$×边坡系数。

8）杆坑土质按一个坑的主要土质而定。如一个坑大部分为普通土，少量为坚土，则该坑应全部按普通土计算。

9）带卡盘的电杆坑，如原计算的尺寸不能满足卡盘安装时，因卡盘超长而增加的土（石）方量另计。

10）底盘、卡盘、拉线盘按设计用量以“块”为计量单位。

11）杆塔组立，分别杆塔形式和高度，按设计数量以“根”为计量单位。

12）拉线制作、安装按施工图设计规定，分别不同形式，以“组”为计量单位。

13）横担安装按施工图设计规定，分不同形式和截面，以“根”为计量单位，定额按单根拉线考虑。若安装 V 形、Y 形或双拼形拉线时，按 2 根计算。拉线长度按设计全根长度计算，设计无规定时可按表 3-44 计算。

表 3-44 拉线长度

单位：m/根

项目		普通拉线	V（Y）形拉线	弓形拉线
杆（m）	8	11.47	22.94	9.33
	9	12.61	25.22	10.10
	10	13.74	27.48	10.29
	11	15.10	30.20	11.82
	12	16.14	32.28	12.62
	13	18.69	37.38	13.42
	14	19.68	39.36	15.12
水平拉线		26.47	—	—

14）导线架设，分别导线类型和不同截面以“km/单线”为计量单位计算。导线预留长度按表 3-40 计算。

导线长度按线路总长度和预留长度之和计算。计算主材费时应另增加规定的损耗率。

15）导线跨越架设，包括越线架的搭拆和运输以及因跨越（障碍）施工难度增加而增加的工作量，以“处”为计量单位。每个跨越间距按 50m 以内考虑，大于 50m 而小于 100m 时按 2 处计算，依此类推。在计算架线工程量时，不扣除跨越挡的长度。

16）杆上变配电设备安装以“台”或“组”为计量单位，定额内包括杆和钢支架及设备的安装工作。但钢支架主材、连引线、线夹、金具等应按设计规定另行计算，设备的接地安装和调试应按《全国统一安装工程预算定额》GYD—202—2000“电气设备安装工程”相应定额另行计算。

3.10.3　10kV 以下架空配电线路工程量计算与清单编制实例

【例 3-20】　如图 3-12 和表 3-45，有一条 790m 三线式单回路架空线路，试计算工程量。

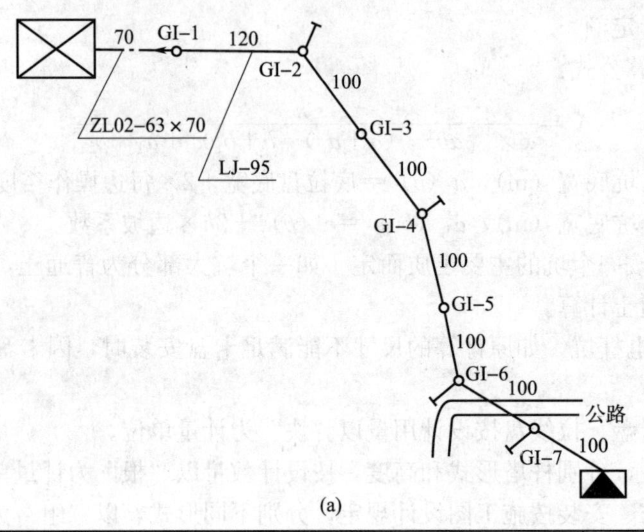

(a)

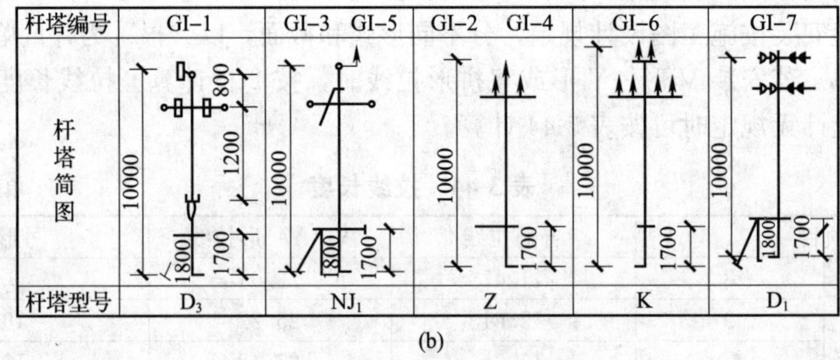

(b)

图 3-12　三线式单回路架空线路

表 3-45　杆塔型号表

杆塔型号	D_3	NJ_1	Z	K	D_1
电杆	Φ190—10—A	Φ190—10—A	Φ190—10—A	Φ190—10—A	Φ190—10—A
横担	1500　2×∟ 75×8（2Ⅱ$_3$）	1500　2×∟ 75×8（2Ⅰ$_3$）	1500　2×∟ 63×6（Ⅰ$_3$）	1500　2×∟ 63×6（Ⅰ$_3$）	1500　2×∟ 75×8（2Ⅱ$_3$）
底盘/卡盘	DP6	DP6	DP6　KP12	DP6　KP12	DP6
拉线	GJ-35—3—Ⅰ$_2$	GJ-35—3—Ⅰ$_2$			GJ-35—3—Ⅰ$_2$
电缆盒					

【解】

清单工程量：

1）电杆组立：7 根

2）导线架设：

$$[(100\times6+120)\times(1+1\%)+2.5\times4]\times3=2211.6\text{m}=2.21\ (\text{km})$$

3）电力电缆：

$$10+2.28+70+2.28+8.3+1.5=94.36\ (\text{m})$$

注：10m为引出室内部分长度；2.28m为引出室外备用长度；70m为线路埋设部分；2.28m为从埋设段向上引至电杆备用长度；8.3m为引上电杆垂直部分（10－1.7－0.8－1.2＋0.8＋1.2）；1.5m为电缆头预留长度。

分部分项工程和单价措施项目清单与计价表见表3-46。

表3-46 分部分项工程和单价措施项目清单与计价表

工程名称：××工程

序号	项目编码	项目名称	项目特征描述	计量单位	工程数量	金额（元）	
						综合单价	合价
1	030410001001	电杆组立	ϕ190－10－A	根	7		
2	030410003001	导线架设	裸铝绞线架设	km	2.21		
3	030408001001	电力电缆	铝芯截面35mm²	m	94.36		

【例3-21】 如图3-13所示为某外线工程平面图，混凝土电杆，杆上变压器台组装（320kV·A），导线架设截面为70mm²和35mm²，试计算清单工程量。

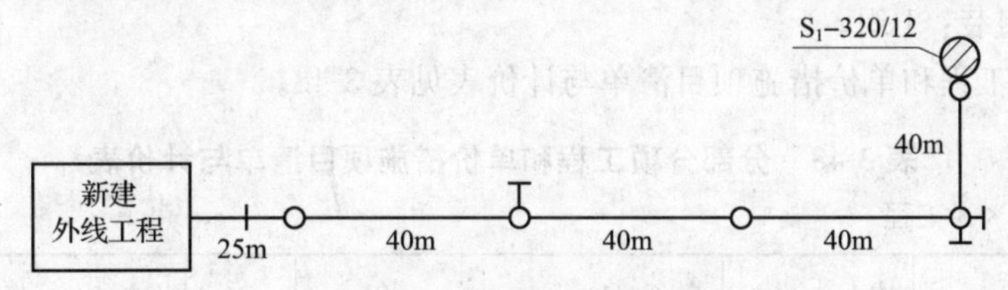

图3-13 某外线工程平面图

【解】

清单工程量：

1）电杆组立：4根

2）导线架设：

$$(40\times4+25)\times3+(40\times4+25)\times1=740\text{m}=0.74\ (\text{km})$$

分部分项工程和单价措施项目清单与计价表见表3-47。

表3-47 分部分项工程和单价措施项目清单与计价表

工程名称：某外线工程

序号	项目编码	项目名称	项目特征描述	计量单位	工程量	金额（元）	
						综合单价	合价
1	030410001001	电杆组立	混凝土电杆，丘陵山区架设	根	4		
2	030410003001	导线架设	选用BLX－（70mm²和35mm²）	km	0.74		

【例 3-22】 如图 3-14 所示一外线工程，电杆高 12m，间距均为 45m，丘陵地区施工，室外杆上变压器容量为 315kV·A，变压器台杆高 14m，二线，一端埋设进户线横担安装一组。试求各项工程量。

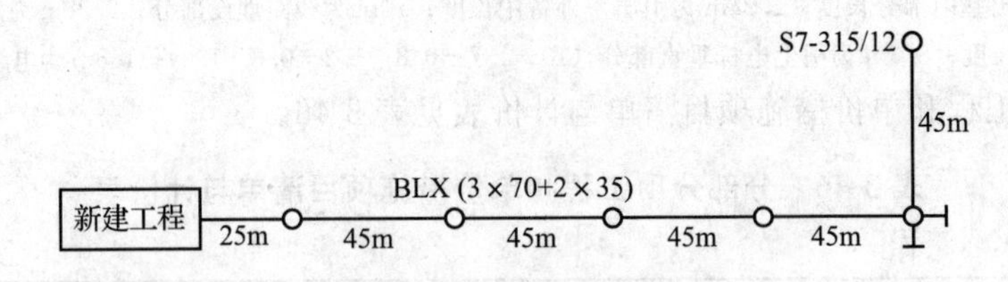

图 3-14 外线工程平面图

【解】

(1) 清单工程量：

1) 导线架设（$70mm^2$）：

(45×5＋25) ×3＋2.5＋2.0×5＋2.5＝765m＝0.77 (km)

2) 导线架设（$35mm^2$）：

(45×5＋25) ×2＋2.5＋2.0×5＋2.5＝515m＝0.52 (km)

3) 电杆组立：5 根。

4) 横担组装：1 组。

分部分项工程和单价措施项目清单与计价表见表 3-48。

表 3-48 分部分项工程和单价措施项目清单与计价表

工程名称：××工程

序号	项目编码	项目名称	项目特征描述	计量单位	工程量	金额（元）	
						综合单价	合价
1	030410003001	导线架设	$70mm^2$	km	0.77		
2	030410003002	导线架设	$35mm^2$	km	0.52		
3	030410001001	电杆组立	混凝土电杆	根	5		
4	030410002001	横担组装	二线，一端埋设式	组	1		

(2) 定额工程量：

1) $70mm^2$ 橡皮绝缘铝芯导线架设：

(45×5＋25) ×3＋2.5＋2.0×5＋2.5＝765m＝0.77 (km)

套用《全国统一安装工程预算定额》GYD—202—2000 中 2－811 定额子目：

基价：417.09 元。

①人工费：197.83 元；

②材料费：186.07 元；

③机械费：33.19元。

2）35mm²橡皮绝缘铝芯导线架设：

$$(45\times5+25)\times2+2.5+2.0\times5+2.5=515\text{m}=0.52\ (\text{km})$$

套用《全国统一安装工程预算定额》GYD—202—2000中2-810定额子目：

基价：216.06元。

①人工费：101.47元；

②材料费：91.52元；

③机械费：23.07元。

3）立混凝土电杆，高12m：5根。

套用《全国统一安装工程预算定额》GYD—202—2000中2-772定额子目：

基价：66.5元。

①人工费：44.12元；

②材料费：3.92元；

③机械费：18.46元。

4）进户线横担安装：1组。

套用《全国统一安装工程预算定额》GYD—202—2000中2-798定额子目：

基价：6.27元。

①人工费：5.57元；

②材料费：0.70元；

③机械费：无。

3.11　配管、配线工程工程量计算及清单编制实例

3.11.1　配管、配线工程清单工程量计算规则

1. 工程量清单计算规则

配管、配线工程量清单项目设置、项目特征描述的内容、计量单位及工程量计算规则，应按表3-49的规定执行。

表3-49　配管、配线（编码：030411）

项目编码	项目名称	项目特征	计量单位	工程量计算规则	工作内容
030411001	配管	1. 名称 2. 材质 3. 规格 4. 配置形式 5. 接地要求 6. 钢索材质、规格	m	按设计图示尺寸以长度计算	1. 电线管路敷设 2. 钢索架设（拉紧装置安装） 3. 预留沟槽 4. 接地
030411002	线槽	1. 名称 2. 材质 3. 规格			1. 本体安装 2. 补刷（喷）油漆

续表 3-49

项目编码	项目名称	项 目 特 征	计量单位	工程量计算规则	工作内容
030411003	桥架	1. 名称 2. 型号 3. 规格 4. 材质 5. 类型 6. 接地方式	m	按设计图示尺寸以长度计算	1. 本体安装 2. 接地
030411004	配线	1. 名称 2. 配线形式 3. 型号 4. 规格 5. 材质 6. 配线部位 7. 配线线制 8. 钢索材质、规格	m	按设计图示尺寸以单线长度计算（含预留长度）	1. 配线 2. 钢索架设（拉紧装置安装） 3. 支持体（夹板、绝缘子、槽板等）安装
030411005	接线箱	1. 名称 2. 材质 3. 规格 4. 安装形式	个	按设计图示数量计算	本体安装
030411006	接线盒				

注：1. 配管、线槽安装不扣除管路中间的接线箱（盒）、灯头盒、开关盒所占长度。

2. 配管名称指电线管、钢管、防爆管、塑料管、软管、波纹管等。

3. 配管配置形式指明配、暗配、吊顶内、钢结构支架、钢索配管、埋地敷设、水下敷设、砌筑沟内敷设等。

4. 配线名称指管内穿线、瓷夹板配线、塑料夹板配线、绝缘子配线、槽板配线、塑料护套配线、线槽配线、车间带形母线等。

5. 配线形式指照明线路，动力线路，木结构，顶棚内，砖、混凝土结构，沿支架、钢索、屋架、梁、柱、墙，以及跨屋架、梁、柱。

6. 配线保护管遇到下列情况之一时，应增设管路接线盒和拉线盒：

(1) 管长度每超过 30m，无弯曲。

(2) 管长度每超过 20m，有 1 个弯曲。

(3) 管长度每超过 15m，有 2 个弯曲。

(4) 管长度每超过 8m，有 3 个弯曲。

垂直敷设的电线保护管遇到下列情况之一时，应增设固定导线用的拉线盒：

(1) 管内导线截面为 $50mm^2$ 及以下，长度每超过 30m。

(2) 管内导线截面为 $70mm^2$～$95mm^2$，长度每超过 20m。

(3) 管内导线截面为 $120mm^2$～$240mm^2$，长度每超过 18m。

在配管清单项目计量时，设计无要求时上述规定可以作为计量接线盒、拉线盒的依据。

7. 配管安装中不包括凿槽、刨沟，应按表 3-67 相关项目编码列项。

8. 配线进入箱、柜、板的预留长度见表 3-50。

表 3-50 配线进入箱、柜、板的预留长度（每根）

序号	项　目	预留长度	说　明
1	各种开关箱、柜、板	高+宽	盘面尺寸
2	单独安装（无箱、盘）的铁壳开关、闸刀开关、启动器、线槽进出线盒	0.3m	从安装对象中心起算
3	由地面管子出口引至动力接线箱	1.0m	从管口计算
4	电源与管内导线连接（管内穿线与软、硬母线接点）	1.5m	从管口计算
5	出户线	1.5m	从管口计算

2. 清单项目相关问题说明

表 3-49 适用于电气工程的配管、配线工程量清单项目的设置与计量。配管包括电线管敷设，钢管及水煤气钢管敷设，可挠金属管敷设，塑料管（硬质聚氯乙烯管、刚性阻燃管、半硬质阻燃管）敷设。配线包括管内穿线，瓷夹板配线，塑料夹板配线，鼓型、针式、蝶式绝缘子配线，木槽板、塑料槽板配线，塑料护套线敷设，线槽配线。

(1) 清单项目的设置与计量

依据设计图示工程内容（指配管、配线），按照表 3-49 中的项目特征，如配管特征：名称；材质；规格；配置形式；接地要求；钢索材质、规格和对应的编码，编好后三位码。

1）在配管清单项目中，名称和材质有时是一体的，如钢管敷设，“钢管”即是名称，又代表了材质，它就是项目的名称。而规格指管的直径，如 $\phi 25$。配置形式在这里表示明配或暗配（明、暗敷设），表示敷设位置；砖、混凝土结构上；钢结构支架上；钢索上；钢模板内；顶棚内；埋地敷设等。

2）在配线工程中，清单项目名称要紧紧与配线形式连在一起，因为配线的方式会决定选用什么样的导线，因此对配线形式的表述更显得重要。

(2) 其他相关说明

1）金属软管敷设不单设清单项目，在相关设备安装或电机核查接线清单项目的综合单价中考虑。

2）在配线工程中，所有的预留量（指与设备连接）均应依据设计要求或施工及验收规范规定的长度考虑在综合单价中，而不作为实物量计算。

3）根据配管工艺的需要和计量的连续性，规范的接线箱（盒）、拉线盒、灯位盒综合在配管工程中，接线盒、拉线盒的设置按施工及验收规范的规定执行。

3.11.2 配管、配线工程定额工程量计算规则

1. 定额工程量计算说明

1）配管工程均未包括接线箱、盒及支架的制作、安装。钢索架设及拉紧装置的制作、安装，插接式母线槽支架制作、槽架制作及配管支架应执行铁构件制作定额。

2）连接设备导线预留长度见表3-50。

2. 定额工程量计算规则

1）各种配管应区别不同敷设方式、敷设位置、管材材质、规格，以“延长米”为计量单位，不扣除管路中间的接线箱（盒）、灯头盒、开关盒所占长度。

2）定额中未包括钢索架设及拉紧装置、接线箱（盒）、支架的制作与安装，其工程量应另行计算。

3）管内穿线的工程量，应区别线路性质、导线材质、导线截面，以单线“延长米”为计量单位计算。线路分支接头线的长度已综合考虑在定额中，不得另行计算。

照明线路中的导线截面大于或等于6mm^{2}以上时，应执行动力线路穿线相应项目。

4）线夹配线工程量，应区别线夹材质（塑料、瓷质）、线式（二线、三线）、敷设位置（在木、砖、混凝土）以及导线规格，以线路“延长米”为计量单位计算。

5）绝缘子配线工程量，应区别绝缘子形式（针式、鼓形、蝶式）、绝缘子配线位置（沿屋架、梁、柱、墙，跨屋架、梁、柱，木结构、顶棚内、砖及混凝土结构，沿钢支架及钢索）、导线截面积，以线路“延长米”为计量单位计算。

绝缘子暗配，引下线按线路支持点至天棚下缘距离的长度计算。

6）槽板配线工程量，应区别槽板材质（木质、塑料）、配线位置（在木结构、砖及混凝土）、导线截面、线式（二线、三线），以线路“延长米”为计量单位计算。

7）塑料护套线明敷工程量，应区别导线截面、导线芯数（二芯、三芯）、敷设位置（在木结构、砖及混凝土结构，沿钢索），以单根线路“延长米”为计量单位计算。

8）线槽配线工程量，应区别导线截面，以单根线路“延长米”为计量单位计算。

9）钢索架设工程量，应区别圆钢、钢索直径（$\phi6$，$\phi9$），按图示墙（柱）内缘距离，以“延长米”为计量单位计算，不扣除拉紧装置所占长度。

10）母线拉紧装置及钢索拉紧装置制作、安装工程量，应区别母线截面、花篮螺栓直径（12mm，16mm，18mm），以“套”为计量单位计算。

11）车间带形母线安装工程量，应区别母线材质（铝、铜）、母线截面、安装位置（沿屋架、梁、柱、墙，跨屋架、梁、柱），以“延长米”为计量单位计算。

12）动力配管混凝土地面刨沟工程量，应区别管子直径，以“延长米”为计量单位计算。

13）接线箱安装工程量，应区别安装形式（明装、暗装）、接线箱半周长，以“个”为计量单位计算。

14）接线盒安装工程量，应区别安装形式（明装、暗装、钢索上）以及接线盒类型，以“个”为计量单位计算。

15）灯具、明（暗）开关，插座、按钮等的预留线，已分别综合在相应定额内，不另行计算。配线进入开关箱、柜、板的预留线，按表3-50规定的长度，分别计入相应的工程量。

3.11.3 配管、配线工程工程量计算与清单编制实例

【例3-23】 已知图3-15中箱高为1m，楼板厚度$b=0.2$m，计算相应的工程量清单。

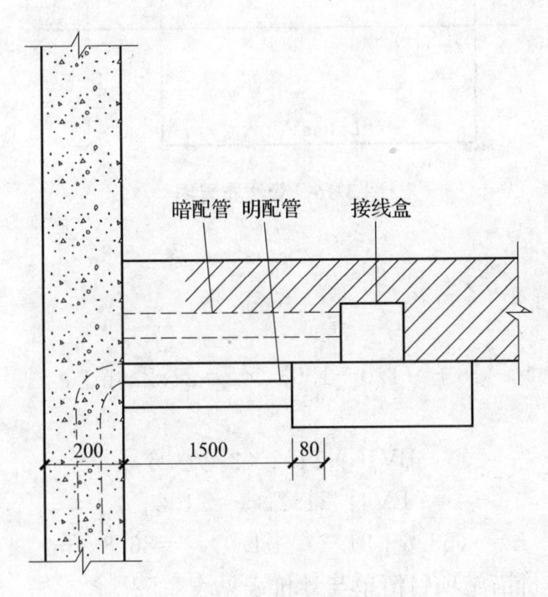

图3-15 配管分布图

【解】

清单工程量：

1）配管（明配管）：

$$1.5+0.08+0.2=1.78\text{（m）}$$

2）配管（暗配管）：

$$1.5+\frac{1}{2}\times1+0.2=2.2\text{（m）}$$

分部分项工程和单价措施项目清单与计价表见表3-51。

表3-51 分部分项工程和单价措施项目清单与计价表

工程名称：××工程

序号	项目编码	项目名称	项目特征描述	计量单位	工程量	金额（元）	
						综合单价	合价
1	030411001001	配管	明配管	m	1.78		
2	030411001002	配管	暗配管	m	2.20		

【例 3-24】 如图 3-16 所示，已知管线采用 BV（3×10＋1×4）、SC32，水平距离 15m。求管线工程量。

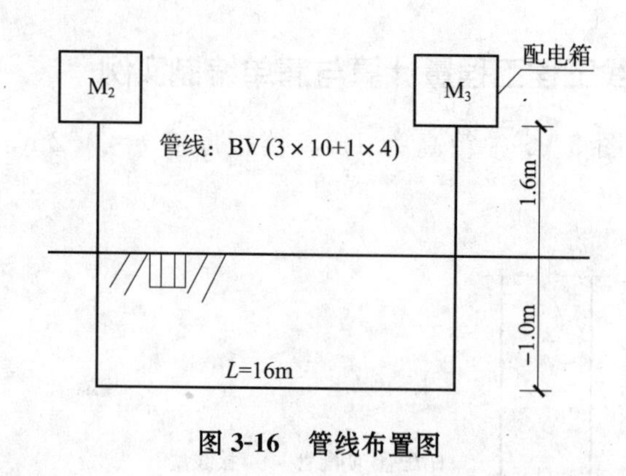

图 3-16 管线布置图

【解】

清单工程量：

1）配管：

16＋（1.0＋1.6）×2＝21.2（m）

2）配线：

BV10：21.2×3＝63.6

BV4：21.2×1＝21.2

L＝（63.6＋21.2）＋1.0×2＝86.8（m）

分部分项工程和单价措施项目清单与计价表见表 3-52。

表 3-52 分部分项工程和单价措施项目清单与计价表

工程名称：××工程

序号	项目编码	项目名称	项目特征描述	计量单位	工程量	金额（元）	
						综合单价	总价
1	030411001001	配管	SC32	m	21.2		
2	030411004001	配线	管线采用 BV（3×10＋1×4）、SC32	m	86.8		

【例 3-25】 某工程设计图示有一仓库，如图 3-17 所示，它的内部安装有一台照明配电箱 XMR－10（箱高 0.4m，宽 0.5m，深 0.2m），嵌入式安装；套防水防尘灯，GC1－A－150。采用 3 个单联跷板暗开关控制。单相三孔暗插座 2 个，室内照明线路为刚性阻燃塑料管 PVC15 暗配，管内穿 BV－2.5 导线，照明回路为 2 根线，插座回路为 3 根线。经计算，室内配管（PVC15）的工程量为：照明回路（2 个）共 50m，插座回路（1 个）共 12m。试编制配管配线的分部分项工程量清单。

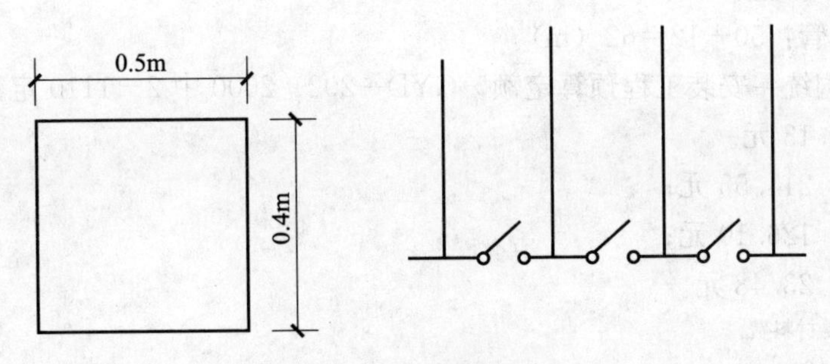

图 3-17　电气照明配电图

【解】

(1) 清单工程量:

1) 配管 (PVC15): 50＋12＝62 (m)

2) 配线 (BV－2.5):

$$50\times2+12\times3+0.3\times2+0.3\times3=137.5\ (m)$$

分部分项工程和单价措施项目清单与计价表见表 3-53。

表 3-53　分部分项工程和单价措施项目清单与计价表

工程名称: ××工程

序号	项目编码	项目名称	项目特征描述	计量单位	工程量	金额(元)	
						综合单价	总价
1	030411001001	配管	1. 材质、规格: 刚性阻燃塑料管 PVC15 2. 配置形式及部位: 砖、混凝土结构暗配 3. 管路敷设 4. 灯头盒、开关盒、插座盒安装	m	62		
2	030411004001	配线	1. 配线形式: 管内穿线 2. 导线型号、材质、规格: BV－2.5 3. 照明线路管内穿线	m	137.5		

(2) 定额工程量：

1) 电气配管：50＋12＝62 (m)

套用《全国统一安装工程预算定额》GYD—202—2000 中 2－1110 定额子目：

基价：364.13 元。

①人工费：214.55 元；

②材料费：126.10 元；

③机械费：23.48 元。

注：不包含主要材料费。

2) 电气配线：

$$50\times2+12\times3+0.3\times2+0.3\times3=137.5\ (m)$$

套用《全国统一安装工程预算定额》GYD—202—2000 中 2－1172 定额子目：

基价：41.03 元。

①人工费：23.22 元；

②材料费：17.81 元；

③机械费：无。

注：不包含主要材料费。

【例 3-26】 如图 3-18 所示，为混凝土砖石结构平房（毛石基础、砖墙、钢筋混凝土板盖顶），顶板距地面高度为＋3m，室内装置定型照明配电箱（XM-7－3/0）1 台，单管荧光灯（40W）6 盏，拉线开关 3 个，由配电箱引上为钢管明设（$\phi25$），其余均为磁夹板配线，用 BLX 电线，引入线设计属于低压配电室范围，故此不考虑。试计算工程量。

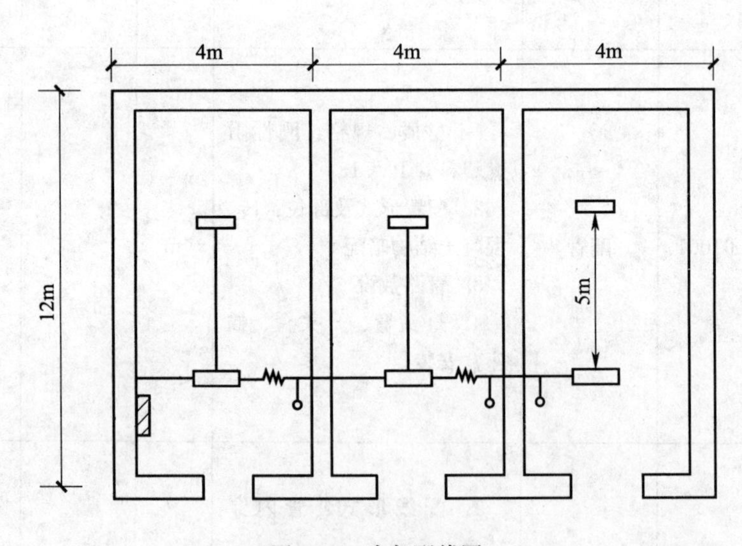

图 3-18 电气配线图

【解】

清单工程量：

1) 配电箱：1 台。

2）配管（明敷钢管）：2m。

3）配线（瓷夹板二线制）：

2＋（0.35＋0.31）×2＝5.32（m）

4）配线（瓷夹板三线制）：

2＋5＋2＋5＋2＋5＋0.2×3＝21.6（m）

5）配线：2＋2＝4（m）

6）小电器：3套。

7）荧光灯：6套。

分部分项工程和单价措施项目清单与计价表见表3-54。

表3-54 分部分项工程和单价措施项目清单与计价表

工程名称：××工程

序号	项目编码	项目名称	项目特征描述	计量单位	工程量	金额（元）	
						综合单价	合价
1	030404017001	配电箱	XM－7－3/0	台	1		
2	030411001001	配管	钢管 ϕ25	m	2		
3	030411004001	配线	明设钢管内穿 BL2×25	m	5.32		
4	030411004002	配线	瓷夹板二线制配线	m	21.6		
5	030411004003	配线	瓷夹板三线制配线	m	4		
6	030404031001	小电器	拉线开关	套	3		
7	030412005001	荧光灯	单管荧光灯 YG2－1，6×40W	套	6		

3.12 照明器具安装工程工程量计算及清单编制实例

3.12.1 照明器具安装工程清单工程量计算规则

1. 工程量清单计算规则

照明器具安装工程量清单项目设置、项目特征描述的内容、计量单位及工程量计算规则，应按表3-55的规定执行。

表 3-55 照明器具安装（编码：030412）

<table>
<tr><th>项目编码</th><th>项目名称</th><th>项 目 特 征</th><th>计量单位</th><th>工程量计算规则</th><th>工作内容</th></tr>
<tr><td>030412001</td><td>普通灯具</td><td>1. 名称
2. 型号
3. 规格
4. 类型</td><td rowspan="8">套</td><td rowspan="8">按设计图示数量计算</td><td rowspan="7">本体安装</td></tr>
<tr><td>030412002</td><td>工厂灯</td><td>1. 名称
2. 型号
3. 规格
4. 安装形式</td></tr>
<tr><td>030412003</td><td>高度标识（障碍）灯</td><td>1. 名称
2. 型号
3. 规格
4. 安装形式
5. 安装高度</td></tr>
<tr><td>030412004</td><td>装饰灯</td><td rowspan="2">1. 名称
2. 型号
3. 规格
4. 安装形式</td></tr>
<tr><td>030412005</td><td>荧光灯</td></tr>
<tr><td>030412006</td><td>医疗专用灯</td><td>1. 名称
2. 型号
3. 规格</td></tr>
<tr><td rowspan="2">30412007</td><td rowspan="2">一般路灯</td><td rowspan="2">1. 名称
2. 型号
3. 规格
4. 灯杆材质、规格
5. 灯架形式及臂长
6. 附件配置要求
7. 灯杆形式（单、双）
8. 基础形式、砂浆配合比
9. 杆座材质、规格
10. 接线端子材质、规格
11. 编号
12. 接地要求</td></tr>
<tr><td>1. 基础制作、安装
2. 立灯杆
3. 杆座安装
4. 灯架及灯具附件安装
5. 焊、压接线端子
6. 补刷（喷）油漆
7. 灯杆编号
8. 接地</td></tr>
</table>

续表 3-55

项目编码	项目名称	项 目 特 征	计量单位	工程量计算规则	工作内容
030412008	中杆灯	1. 名称 2. 灯杆的材质和高度 3. 灯架型号、规格 4. 附件配置 5. 光源数量 6. 基础形式、浇筑材质 7. 杆座材质、规格 8. 接线端子材质、规格 9. 铁构件规格 10. 编号 11. 灌浆配合比 12. 接地要求	套	按设计图示数量计算	1. 基础浇筑 2. 立灯杆 3. 杆座安装 4. 灯架及灯具附件安装 5. 焊、压接线端子 6. 铁构件安装 7. 补刷（喷）油漆 8. 灯杆编号 9. 接地
030412009	高杆灯	1. 名称 2. 灯杆高度 3. 灯架形式（成套或组装、固定或升降） 4. 附件配置 5. 光源数量 6. 基础形式、浇筑材质 7. 杆座材质、规格 8. 接线端子材质、规格 9. 铁构件规格 10. 编号 11. 灌浆配合比 12. 接地要求			1. 基础浇筑 2. 立灯杆 3. 杆座安装 4. 灯架及灯具附件安装 5. 焊、压接线端子 6. 铁构件安装 7. 补刷（喷）油漆 8. 灯杆编号 9. 升降机构接线调试 10. 接地
030412010	桥栏杆灯	1. 名称 2. 型号 3. 规格 4. 安装形式			1. 灯具安装 2. 补刷（喷）油漆
030412011	地道涵洞灯				

注：1. 普通灯具包括圆球吸顶灯、半圆球吸顶灯、方形吸顶灯、软线吊灯、座灯头、吊链灯、防水吊灯、壁灯等。

2. 工厂灯包括工厂罩灯、防水灯、防尘灯、碘钨灯、投光灯、泛光灯、混光灯、密闭灯等。

3. 高度标志（障碍）灯包括烟囱标志灯、高塔标志灯、高层建筑屋顶障碍指示灯等。

4. 装饰灯包括吊式艺术装饰灯、吸顶式艺术装饰灯、荧光艺术装饰灯、几何型组合艺术装饰灯、标志灯、诱导装饰灯、水下（上）艺术装饰灯、点光源艺术灯、歌舞厅灯具、草坪灯具等。

5. 医疗专用灯包括病房指示灯、病房暗脚灯、紫外线杀菌灯、无影灯等。

6. 中杆灯是指安装在高度小于或等于 19m 的灯杆上的照明器具。

7. 高杆灯是指安装在高度大于 19m 的灯杆上的照明器具。

2. 清单项目相关问题说明

表3-55适用于工业与民用建筑（含公用设施）及市政府设施的各种照明灯具、开关、插座、门铃等工程量清单项目的设置和计量。包括普通吸顶灯、工厂灯、装饰灯、荧光灯、医疗专用灯、一般路灯、中杆灯、高杆灯、桥栏杆灯、地道涵洞灯等安装。

清单项目的设置与计量要求如下：

依据设计图示工程内容（灯具）对应表3-55的项目特征，表述项目名称即可。表3-55中项目的基本特征（名称、型号、规格）大致一样，所以实体的名称就是项目名称，但要说明型号、规格，而市政路灯要说明杆高、灯杆材质、灯架形式及臂长，以便区别其安装单价。

表3-55中各清单项目的计量单位为“套”，计算规则均是按设计图示数量计算。

3.12.2 照明器具安装工程定额工程量计算规则

1. 定额工程量计算说明

1）各型灯具的引导线，除注明者外，均已综合考虑在定额内，执行时不得换算。

2）路灯、投光灯、碘钨灯、氙气灯：烟囱或水塔指示灯，均已考虑了一般工程的高空作业因素，其他器具安装高度如超过5m，则应按定额说明中规定的超高系数另行计算。

3）定额中装饰灯具项目均已考虑了一般工程的超高作业因素，并包括脚手架搭拆费用。

4）装饰灯具定额项目与示意图号配套使用。

5）定额内已包括用摇表测量绝缘及一般灯具的试亮工作，但不包括调试工作。

2. 定额工程量计算规则

1）普通灯具安装的工程量，应区别灯具的种类、型号、规格，以“套”为计量单位计算。普通灯具安装定额适用范围见表3-56。

表3-56 普通灯具安装定额适用范围

定额名称	灯具种类
圆球吸顶灯	材质为玻璃的螺口、卡口圆球独立吸顶灯
半圆球吸顶灯	材质为玻璃的独立的半圆球吸顶灯、扁圆罩吸顶灯、平圆形吸顶灯
方形吸顶灯	材质为玻璃的独立的矩形罩吸顶灯、方形罩吸顶灯、大口方罩吸顶灯
软线吊灯	利用软线为垂吊材料，独立的，材质为玻璃、塑料、搪瓷，形状如碗、伞、平盘灯罩组成的各式软线吊灯
吊链灯	利用吊链作辅助悬吊材料，独立的，材质为玻璃、塑料罩的各式吊链灯
防水吊灯	一般防水吊灯
一般弯脖灯	圆球弯脖灯，风雨壁灯
一般墙壁灯	各种材质的一般壁灯、镜前灯
软线吊灯头	一般吊灯头
声光控座灯头	一般声控、光控座灯头
座灯头	一般塑胶、瓷质座灯头

2）吊式艺术装饰灯具的工程量，应根据装饰灯具示意图集所示，区别不同装饰物以及灯体直径和灯体垂吊长度，以“套”为计量单位计算。灯体直径为装饰物的最大外缘直径，灯体垂吊长度为灯座底部到灯梢之间的总长度。

3）吸顶式艺术装饰灯具安装的工程量，应根据装饰灯具示意图集所示，区别不同装饰物、吸盘的几何形状、灯体直径、灯体周长和灯体垂吊长度，以“套”为计量单位计算。灯体直径为吸盘最大外缘直径，灯体半周长为矩形吸盘的半周长，吸顶式艺术装饰灯具的灯体垂吊长度为吸盘到灯梢之间的总长度。

4）荧光艺术装饰灯具安装的工程量，应根据装饰灯具示意图集所示，区别不同安装形式和计量单位计算。

①组合荧光灯光带安装的工程量，应根据装饰灯具示意图集所示，区别安装形式、灯管数量，以“延长米”为计量单位计算。灯具的设计数量与定额不符时，可以按设计量加损耗量调整主材。

②内藏组合式灯安装的工程量，应根据装饰灯具示意图集所示，区别灯具组合形式，以“延长米”为计量单位。灯具的设计数量与定额不符时，可根据设计数量加损耗量调整主材。

③发光棚安装的工程量，应根据装饰灯具示意图集所示，以“m^2”为计量单位。发光棚灯具按设计用量加损耗量计算。

④立体广告灯箱、荧光灯光沿的工程量，应根据装饰灯具示意图集所示，以“延长米”为计量单位。灯具设计用量与定额不符时，可根据设计数量加损耗量调整主材。

5）几何形状组合艺术灯具安装的工程量，应根据装饰灯具示意图集所示，区别不同安装形式及灯具的不同形式，以“套”为计量单位计算。

6）标志、诱导装饰灯具安装的工程量，应根据装饰灯具示意图集所示，区别不同安装形式，以“套”为计量单位计算。

7）水下艺术装饰灯具安装的工程量，应根据装饰灯具示意图集所示，区别不同安装形式，以“套”为计量单位计算。

8）点光源艺术装饰灯具安装的工程量，应根据装饰灯具示意图集所示，区别不同安装形式、不同灯具直径，以“套”为计量单位计算。

9）草坪灯具安装的工程量，应根据装饰灯具示意图集所示，区别不同安装形式，以“套”为计量单位计算。

10）歌舞厅灯具安装的工程量，应根据装饰灯具示意图所示，区别不同灯具形式，分别以“套”、“延长米”、“台”为计量单位计算。

装饰灯具安装定额适用范围见表 3-57。

表 3-57 装饰灯具安装定额适用范围

定额名称	灯具种类
吊式艺术装饰灯具	不同材质、不同灯体垂吊长度、不同灯体直径的蜡烛灯、挂片灯、串珠（穗）灯、串棒灯、吊杆式组合灯、玻璃罩（带装饰）灯
吸顶式艺术装饰灯具	不同材质、不同灯体垂吊长度、不同灯体几何形状的串珠（穗）灯、串棒灯、挂片、挂碗、挂吊碟灯、玻璃（带装饰）灯

续表 3-57

定额名称	灯具种类
荧光艺术装饰灯具	不同安装形式、不同灯管数量的组合荧光灯光带，不同几何组合形式的内藏组合式灯，不同几何尺寸、不同灯具形式的发光棚，不同形式的立体广告灯箱、荧光灯光沿
几何形状组合艺术灯具	不同固定形式、不同灯具形式的繁星灯、钻石星灯、扎花灯、玻璃罩钢架组合灯、凸片灯、反射挂灯、筒形钢架灯、U型组合灯、弧形管组合灯
标志、诱导装饰灯具	不同安装形式的标志灯、诱导灯
水下艺术装饰灯具	简易型彩灯、密封型彩灯、喷水池灯、幻光型灯
点光源艺术装饰灯具	不同安装形式、不同灯体直径的筒灯、牛眼灯、射灯、轨道射灯
草坪灯具	各种立柱灯、墙壁式的草坪灯
歌舞厅灯具	各种安装形式的变色转盘灯、雷达射灯、幻影转彩灯、维纳斯旋转彩灯、卫星旋转效果灯、飞碟旋转效果灯、多头转灯、滚筒灯、频闪灯、太阳灯、雨灯、歌星灯、边界灯、射灯、泡泡发生器、迷你满天星彩灯、迷你单立（盘彩灯）、多头宇宙灯、镜面球灯、蛇光管

11）荧光灯具安装的工程量，应区别灯具的安装形式、灯具种类、灯管数量，以“套”为计量单位计算。荧光灯具安装定额适用范围见表 3-58。

表 3-58 荧光灯具安装定额适用范围

定额名称	灯具种类
组装型荧光灯	单管、双管、三管吊链式、吸顶式，现场组装独立荧光灯
成套型荧光灯	单管、双管、三管、吊链式、吊管式、吸顶式、成套独立荧光灯

12）工厂灯及防水防尘灯安装的工程量，应区别不同安装形式，以“套”为计量单位计算。工厂灯及防水防尘灯安装定额适用范围见表 3-59。

表 3-59 工厂灯及防水防尘灯安装定额适用范围

定额名称	灯具种类
直杆工厂吊灯	配照（GC_1－A），广照（GC_3－A），深照（GC_5－A），斜照（GC_7－A），圆球（GC_{17}－A），双罩（GC_{19}－A）
吊链式工厂灯	配照（GC_1－B），深照（GC_3－B），斜照（GC_5－C），圆球（GC_7－C），双罩（GC_{19}－C）
吸顶式工厂灯	配照（GC_1－C），广照（GC_3－C），深照（GC_5－C），斜照（GC_7－C），双罩（GC_{19}－C），局部深罩（GC_{26}－F/H）

续表 3-59

定额名称	灯具种类
弯杆式工厂灯	配照（GC_1－D/E），广照（GC_3－D/E），深照（GC_5－D/E），斜照（GC_7－D/E），圆球（GC_{17}－A），双罩（GC_{19}－A）
悬挂式工厂灯	配照（GC_{21}－2），深照（GC_{23}－2）
防水防尘灯	广照（GC_9－A，B，C），广照保护网（GC_{11}－A，B，C），散照（GC_{15}－A，B，C，D，E，F，G）

13）工厂其他灯具安装的工程量，应区别不同灯具类型、安装形式、安装高度，以“套”、“个”、“延长米”为计量单位计算。

工厂其他灯具安装定额适用范围见表 3-60。

表 3-60 工厂其他灯具安装定额适用范围

定额名称	灯具种类
防潮灯	扇形防潮灯（GC－31），防潮灯（GC－33）
腰形舱顶灯	腰形舱顶灯（CCD－1）
碘钨灯	DW 型，220V，300～1000W
管形氙气灯	自然冷却式，200V/380V，20kW 以内
投光灯	TG 型室外投光灯
高压汞灯镇流器	外附式镇流器具 125～450W
安全灯	AOB－1，2，3 型和 AOC－1，2 型安全灯
防爆灯	CBC－200 型防爆灯
高压汞防爆灯	CBC－125/250 型高压汞防爆灯
防爆荧光灯	CBC－1/2 单/双管防爆型荧光灯

14）医院灯具安装的工程量，应区别灯具种类，以“套”为计量单位计算。

医院灯具安装定额适用范围见表 3-61。

表 3-61 医院灯具安装定额适用范围

定额名称	灯具种类
病房指示灯	病房指示灯
病房暗角灯	病房暗角灯
无影灯	3～12 孔管式无影灯

15）路灯安装工程，应区别不同臂长、不同灯数，以“套”为计量单位计算。

工厂厂区内、住宅小区内路灯安装执行照明器具安装工程定额。城市道路的路灯安装执行《全国统一市政工程预算定额》GYD—308—1999“路灯工程”的相应定额。

路灯安装定额范围见表 3-62。

表 3-62 路灯安装定额范围

定额名称	灯具种类
大马路弯灯	臂长 1200mm 以下，臂长 1200mm 以上
庭院路灯	三火以下，七火以下

16）开关、按钮安装的工程量，应区别开关、按钮安装形式，开关、按钮种类，开关极数以及单控与双控，以“套”为计量单位计算。

17）插座安装的工程量，应区别电源相数、额定电流、插座安装形式、插座插孔个数，以“套”为计量单位计算。

18）安全变压器安装的工程量，应区别安全变压器容量，以“台”为计量单位计算。

19）电铃、电铃号码牌箱安装的工程量，应区别电铃直径、电铃号牌箱规格（号），以“套”为计量单位计算。

20）门铃安装工程量计算，应区别门铃安装形式，以“个”为计量单位计算。

21）风扇安装的工程量，应区别风扇种类，以“台”为计量单位计算。

22）盘管风机三速开关、请勿打扰灯、须刨插座安装的工程量，以“套”为计量单位计算。

3.12.3 照明器具安装工程工程量计算与清单编制实例

【例 3-27】 今有一新建砖混结构建筑，照明平面如图 3-19 所示。建筑面积 $100m^2$，层高 3.4m，荧光灯在吊顶上安装，白炽灯在混凝土楼板上安装。各支路管线均用阻燃管 PVC－15，导线用 BV－$1.0mm^2$，插座保护接零线等均用 BV－$1.5mm^2$。试统计灯具、开关及配电箱各项工程量。

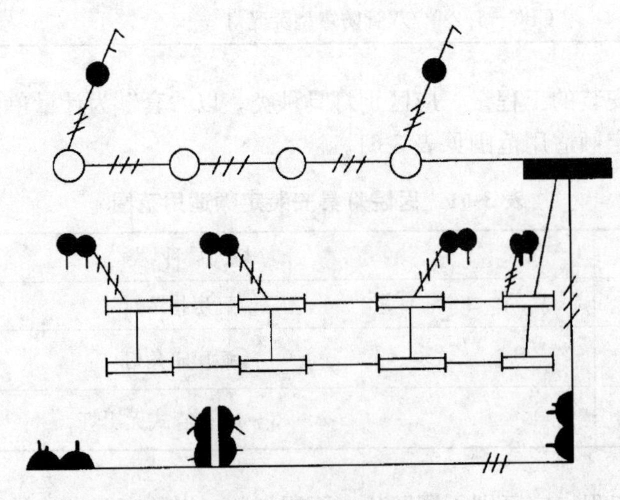

图 3-19 照明平面图

【解】

清单工程量：

1）普通灯具（白炽灯）：4套；

2）普通灯具（吊链式荧光灯）：8套；

3）控制开关（双联拉线开关暗装）：4个；

4）控制开关（双联翘班式开关）：4个；

5）配电箱：1台。

分部分项工程和单价措施项目清单与计价表见表3-63。

表3-63　分部分项工程和单价措施项目清单与计价表

工程名称：某新建工程

序号	项目编码	项目名称	项目特征描述	计量单位	工程量	金额（元）	
						综合单价	总价
1	030412001001	普通灯具	白炽灯	套	4		
2	030412001002	普通灯具	吊链式荧光灯	套	8		
3	030404019001	控制开关	双联拉线开关暗装	个	4		
4	030404019002	控制开关	双联翘板式开关	个	4		
5	030404017001	配电箱	照明配电箱	台	1		

【例3-28】　某工程为某辖区内某6层高办公楼电气系统安装工程，首层为车库，层高为4m，标准层2～6层为办公区，各层高均为3.2m，露天女儿墙高为1m。详见图3-20～图3-23。

（1）设计说明：

1）电源由室外高压开关房引入本办公楼低压配电房内，采用三相四线制供电方式。

2）从低压配电房出线柜至层间配电箱进线采用电缆沿电缆桥架敷设，各层用电分别由同层层间配电箱采用难燃铜芯双塑线穿镀锌电线管方式供给。所有镀锌电线管均需配合土建预埋。

3）配电箱规格为MX1：300mm×200mm；MX2～6：500mm×400mm，离楼地面1.7m暗装；扳式开关离楼地面1.4m暗装；插座离楼地面0.3m暗装，插座配管暗敷设在同层地板内；所有灯具均为吸顶式安装。

4）工程完工后保安接地电阻值不得大于4Ω。

（2）计算范围：

1）根据所给图纸，从层间配电箱出线（包括配电箱本体）开始计算至各用电负载止（包括用电设备）（工程量计算保留到小数后一位有效数字，第二位四舍五进）。

2）照明配电箱由投标人购置。

试列出该电气安装工程分部分项工程量清单。

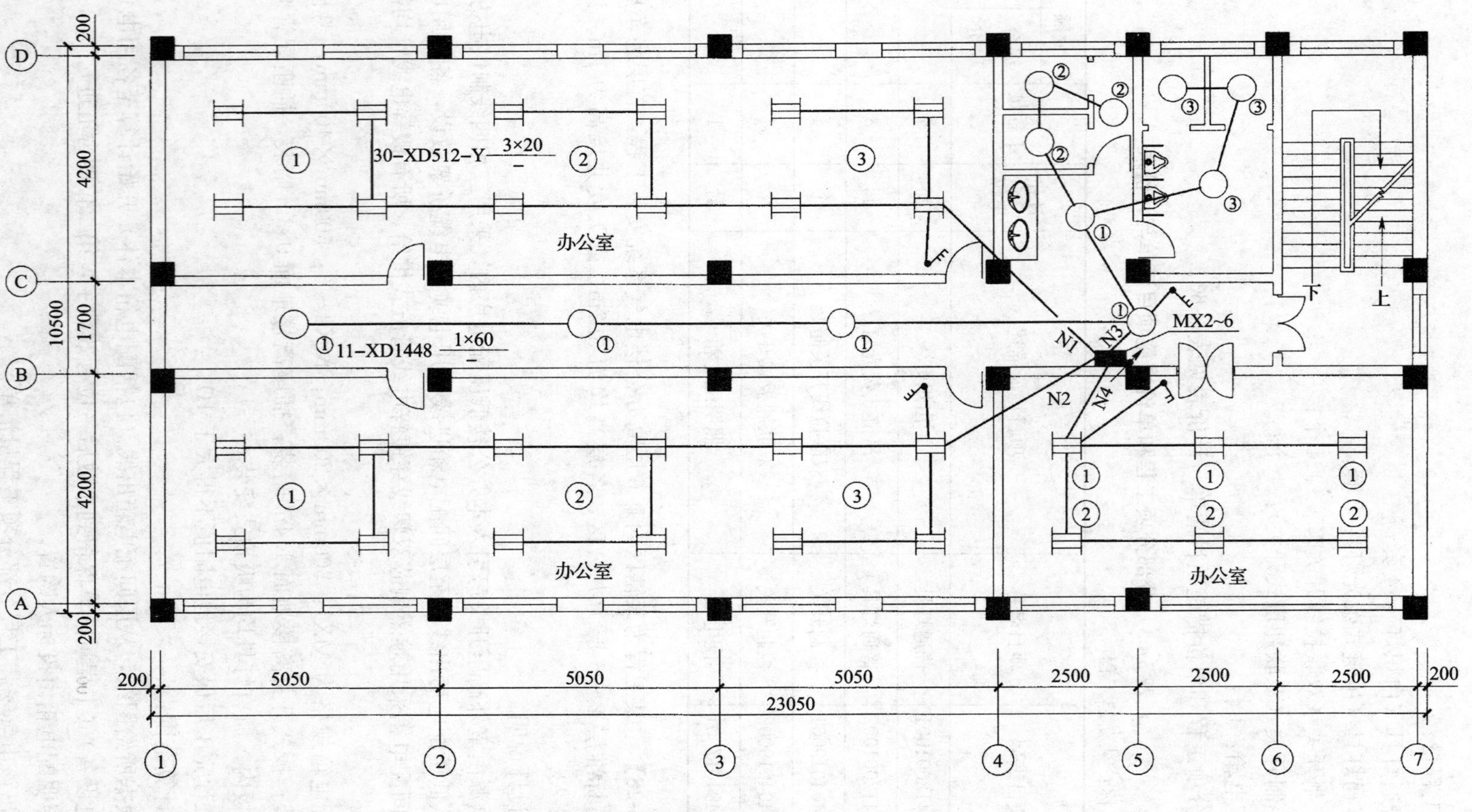

图 3-20 某工程首层照明平面示意图(1：100)

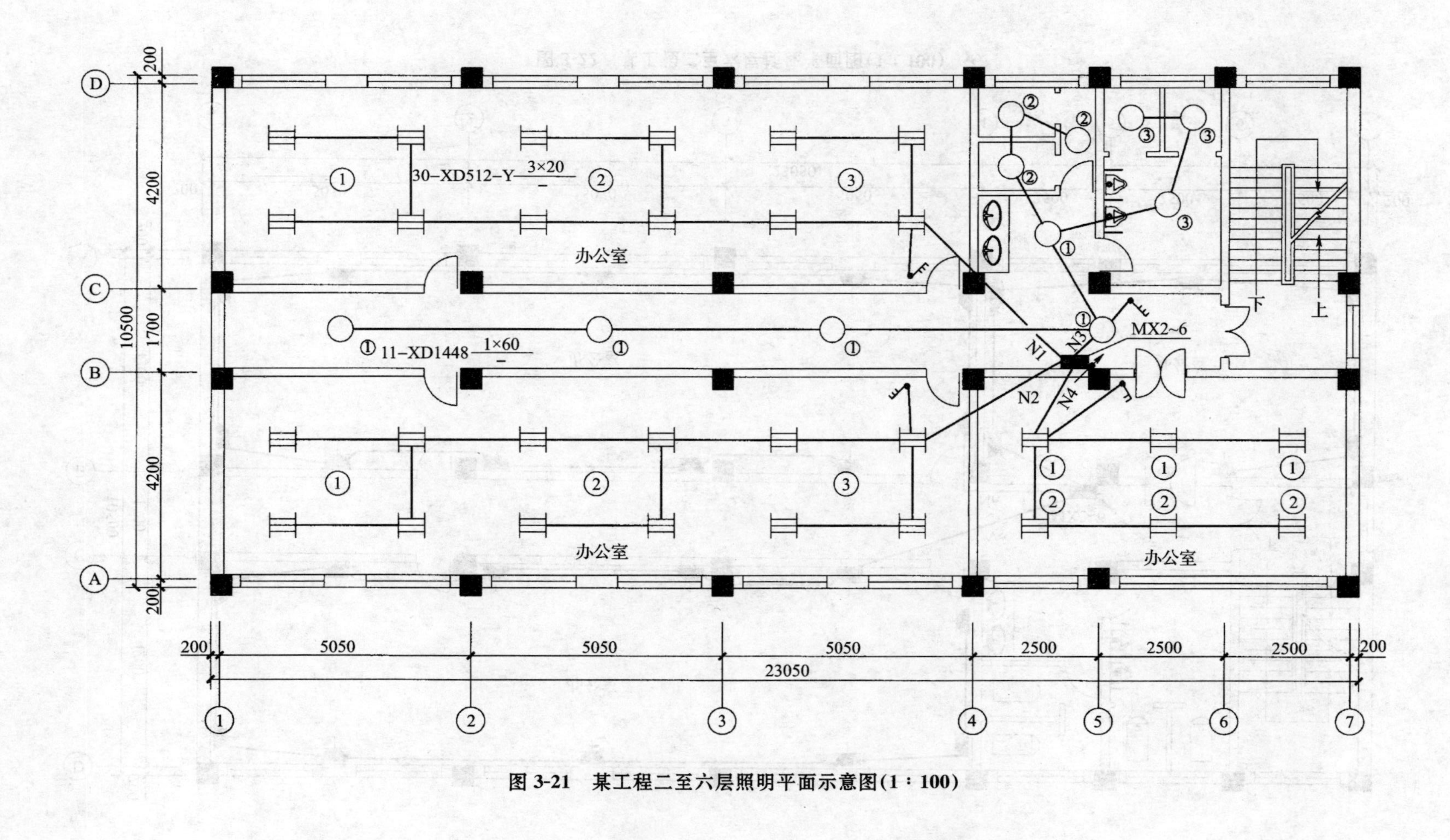

图 3-21 某工程二至六层照明平面示意图(1∶100)

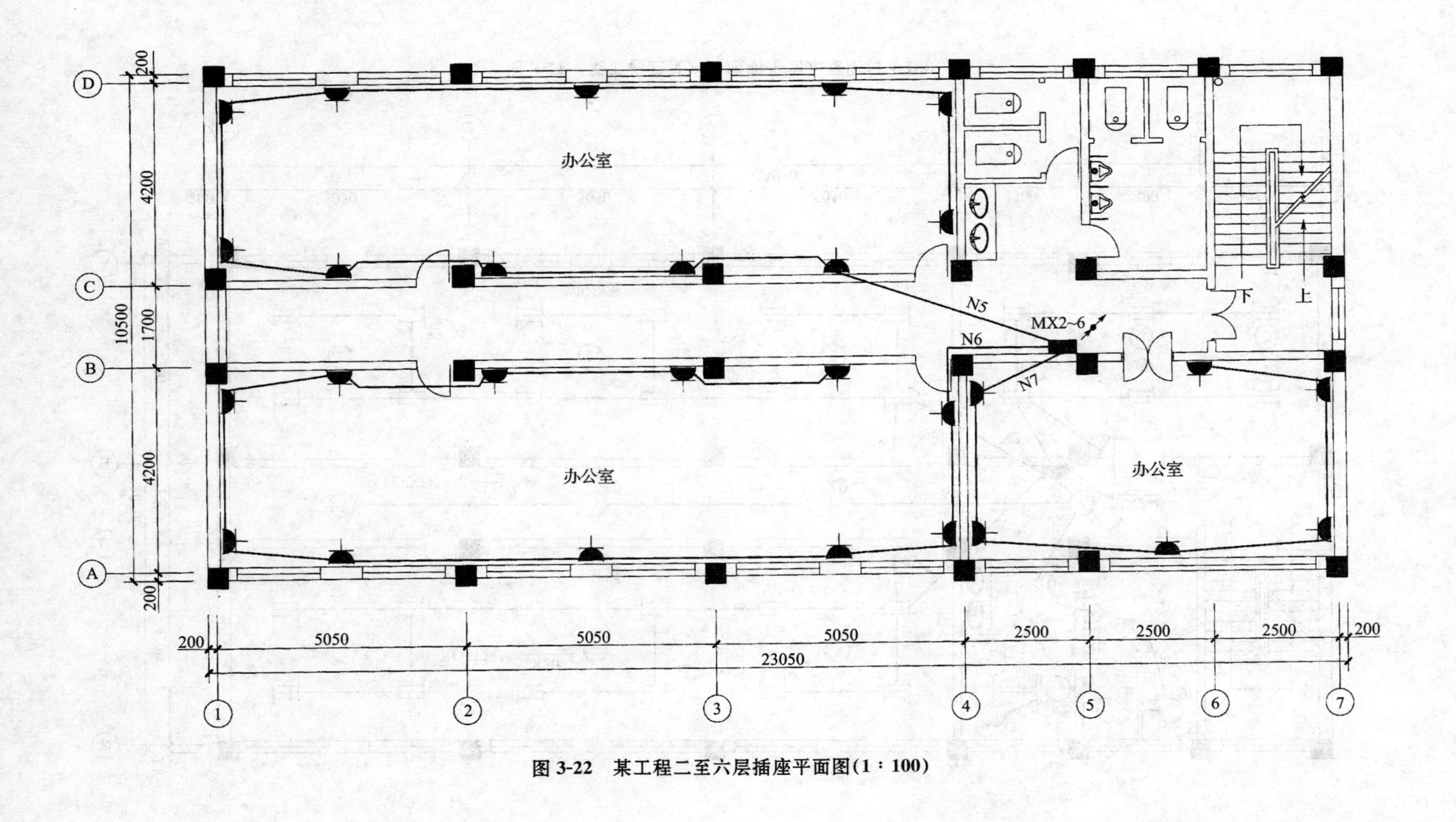

图 3-22 某工程二至六层插座平面图(1：100)

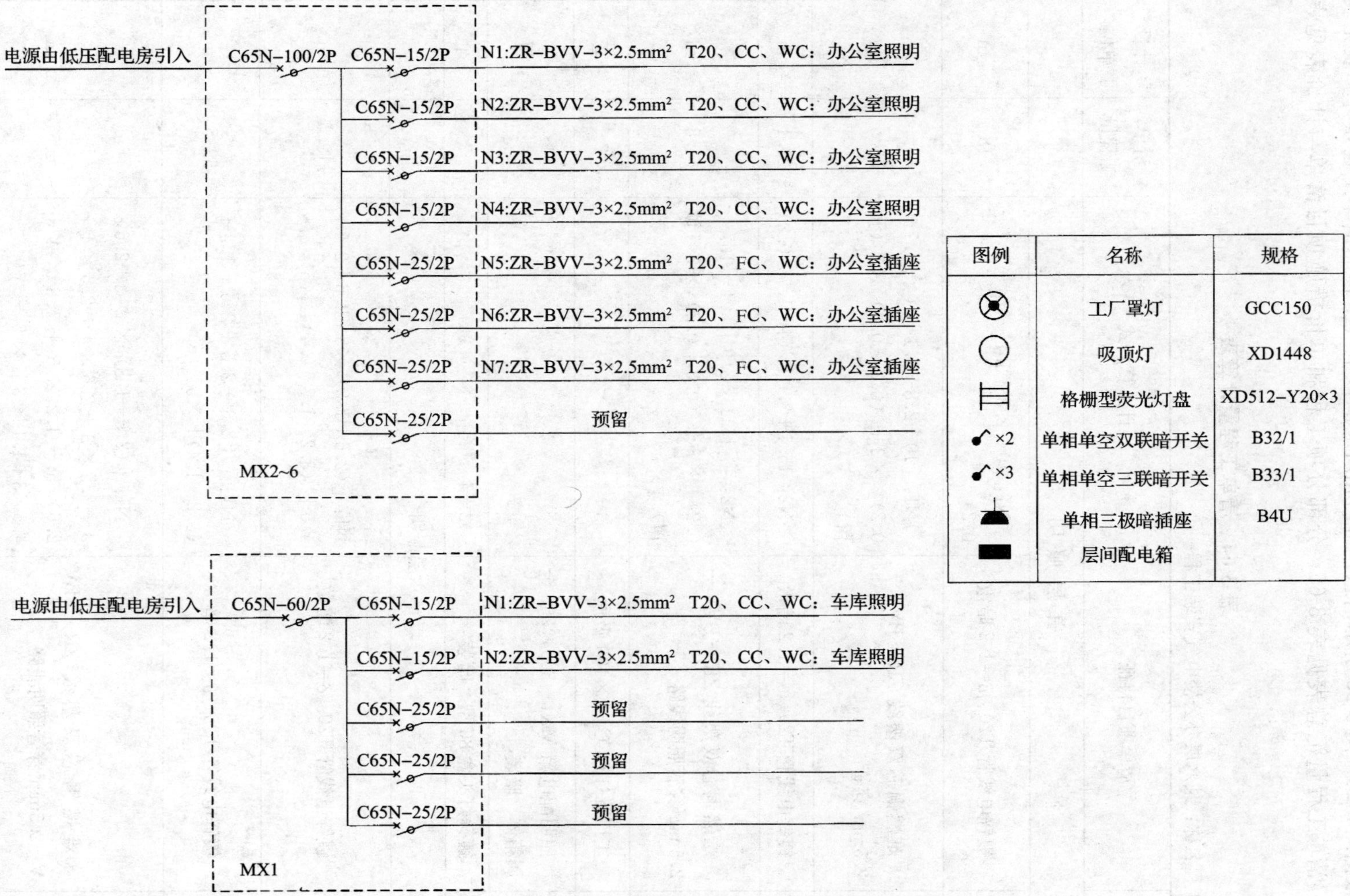

电源由低压配电房引入 C65N−100/2P

C65N−15/2P N1:ZR−BVV−3×2.5mm² T20、CC、WC：办公室照明

C65N−15/2P N2:ZR−BVV−3×2.5mm² T20、CC、WC：办公室照明

C65N−15/2P N3:ZR−BVV−3×2.5mm² T20、CC、WC：办公室照明

C65N−15/2P N4:ZR−BVV−3×2.5mm² T20、CC、WC：办公室照明

C65N−25/2P N5:ZR−BVV−3×2.5mm² T20、FC、WC：办公室插座

C65N−25/2P N6:ZR−BVV−3×2.5mm² T20、FC、WC：办公室插座

C65N−25/2P N7:ZR−BVV−3×2.5mm² T20、FC、WC：办公室插座

C65N−25/2P 预留

MX2~6

电源由低压配电房引入 C65N−60/2P

C65N−15/2P N1:ZR−BVV−3×2.5mm² T20、CC、WC：车库照明

C65N−15/2P N2:ZR−BVV−3×2.5mm² T20、CC、WC：车库照明

C65N−25/2P 预留

C65N−25/2P 预留

C65N−25/2P 预留

MX1

图例	名称	规格
	工厂罩灯	GCC150
	吸顶灯	XD1448
	格栅型荧光灯盘	XD512−Y20×3
×2	单相单空双联暗开关	B32/1
×3	单相单空三联暗开关	B33/1
	单相三极暗插座	B4U
	层间配电箱	

图 3-23 某工程系统图(1：100)

【解】

根据图 3-20～图 3-23 所示信息，得出相对应的该电气工程的清单工程量计算表见表 3-64，清单工程量汇总表见表 3-65；分部分项工程和单价措施项目清单与计价表见表 3-66。

表 3-64　清单工程量计算表

工程名称：某六层办公楼电气安装工程

序号	清单项目特征	计 算 式	清单工程量	计量单位
首 层 照 明				
1	镀锌电线管 T20　δ=1.2 暗敷	N1：10＋2.8＋3.1＋（4－1.7－0.2）	18	m
2	难燃铜芯双塑线 ZR－BVV－2.5mm^{2}穿管	N1：［10＋2.8＋3.1＋（4－1.7－0.2）］×3＋（0.3＋0.2）×3（预留）	55.5	m
3	镀锌电线管 T20　δ=1.2 暗敷	N2：15.1＋3.9＋（4－1.7－0.2）	21.1	m
4	难燃铜芯双塑线 ZR－BVV－2.5mm^{2}穿管照明线路	N2：［15.1＋3.9＋（4－1.7－0.2）］×3＋（0.3＋0.2）×3（预留）	64.8	m
5	工厂罩灯 GCC－1×100 吸顶	3＋4	7	套
6	照明配电箱 MX1　300×200 金属箱体　暗装	1	1	台
7	镀锌灯头盒 86 型　暗装	3＋4	7	个
二～六层照明				
8	镀锌电线管 T20　δ=1.2 暗敷	N1：［（2.6＋1.8）×3＋2.6＋2.5＋4.5＋（3.2－1.7－0.4）］×5	119.5	m
9	镀锌电线管 T25　δ=1.2 暗敷	N1：［2.6＋2.5＋2.6＋1.2＋（3.2－1.4）］×5	53.5	m
10	难燃铜芯双塑线 ZR－BVV－2.5mm^{2}穿管照明线路	N1：［（2.6＋1.8）×3×3＋2.6×3＋2.5×3＋2.6×4＋2.5×4＋2.6×5＋1.2×5＋1.8×4＋4.5×3＋1.1×3］×5＋（0.5＋0.4）×3×5（预留）	605	m

续表 3-64

序号	清单项目特征	计 算 式	清单工程量	计量单位
11	格栅荧光灯盘 XD512－Y20×3 吸顶	12×5	60	套
12	单相单控三联暗开关 B53/186 型	1×5	5	套
13	镀锌灯头盒 86 型　暗装	4×3×5	60	个
14	镀锌开关盒 86 型　暗装	1×5	5	个
15	镀锌电线管 T20　δ＝1.2 暗敷	N2：［(2.6＋1.8)×3＋2.6＋2.5＋3.6＋(3.2－1.7－0.4)］×5	115	m
16	镀锌电线管 T25　δ＝1.2 暗敷	N2：［(2.6＋2.5＋2.6＋1.2＋(3.2－1.4)］×5	53.5	m
17	难燃铜芯双塑线 ZR－BVV－2.5mm^{2}穿管照明线路	N2：［(2.6＋1.8)×3×3＋2.6×3＋2.5×3＋2.6×4＋2.5×4＋2.6×5＋1.2×5＋1.8×4＋3.6×3＋1.1×3］×5＋(0.5＋0.4)×3×5(预留)	591.5	m
18	格栅荧光灯盘 XD512－Y20×3 吸顶	12×5	60	套
19	单相单控三联暗开关 B53/186 型	1×5	60	套
20	镀锌灯头盒 86 型　暗装	4×3×5	5	个
21	镀锌开关盒 86 型　暗装	1×5	60	个
22	镀锌电线管 T20　δ＝1.2 暗敷	N3：［15.3＋1.6＋1.1＋1.5＋2.5＋1.9＋1.3＋0.8)＋(3.2－1.7－0.4)］×5	135.5	m
23	镀锌电线管 T25　δ＝1.2 暗敷	N3：(2.3＋1＋1.8)×5	25.5	m
24	难燃铜芯双塑线 ZR－BVV－2.5mm^{2}穿管照明线路	N3：［15.3×3＋2.3×5＋(1.6＋1.1＋1.5＋2.5＋1.9＋1.3)×3＋(1＋1.8)×4＋0.8×3＋(3.2－1.7－0.4)］×3＋［(0.5＋0.4)×3(预留)］×5	533.5	m
25	半圆球吸顶灯 XD1448－1×60Φ250	11×5	55	套
26	单相单控三联暗开关 B53/186 型	1×5	5	套

续表 3-64

序号	清单项目特征	计算式	清单工程量	计量单位
27	镀锌灯头盒 86 型　暗装	(5＋3＋3)×5	55	个
28	镀锌开关盒 86 型　暗装	1×5	5	个
29	镀锌电线管 T20　δ＝1.2 暗敷	N4：[5.2×2＋1.8＋2.1＋(3.2－1.4)＋1.6＋1.1]×5	94	m
30	难燃铜芯双塑线 ZR－BVV－2.5mm² 穿管照明线路	N4：(5.2×2＋1.8＋2.1＋1.8＋1.6＋1.1)×3×5＋(0.5＋0.4)×3×5(预留)	295.5	m
31	单相单控双联暗开关 B52/186 型	1×5	5	套
32	格栅荧光灯盘 XD512－Y20×3 吸顶	6×5	30	套
33	照明配电箱 MX2～6　500×400 金属箱体　暗装	1×5	5	台
34	镀锌灯头盒 86 型　暗装	3×2×5	30	个
35	镀锌开关盒 86 型　暗装	1×5	5	个
二～六层插座				
36	镀锌电线管 T20　δ＝1.2 暗敷	N5、N6：[(2.5＋2.3＋10＋2.3＋2.9＋2.3＋10)×2＋4.8＋1.75＋1.4＋2.3＋1.75＋0.35×21×2]×5	456.5	m
37	镀锌电线管 T20　δ＝1.2 暗敷	N7：(2.7＋2.9＋3.3＋3.9＋2.9＋2.2＋1.75＋0.35×11)×5	117.5	m
38	难燃铜芯双塑线 ZR－BVV－2.5mm² 穿管照明线路	N5、N6：[(2.5＋2.3＋10＋2.3＋2.9＋2.3＋10)×2＋4.8＋1.75＋1.4＋2.3＋1.75＋0.35×21×2]×5×3×2＋(0.5＋0.4)×3×5(预留)	1423.5	m
39	难燃铜芯双塑线 ZR－BVV－2.5mm² 穿管照明线路	N7：(2.7＋2.9＋3.3＋3.9＋2.9＋2.2＋1.75＋0.35×11)×5×3＋(0.5＋0.4)×3×5(预留)	366	m
40	单相三极暗插座 B5/10S 86 型	(11×2＋6)×5	140	套
41	镀锌灯头盒 86 型　暗装	(11×2＋6)×5	140	个
42	送配电系统调试 1kV 以下	1	1	系统
43	接地电阻测试接地网	1	1	系统

表 3-65　清单工程量汇总表

工程名称：某六层办公楼电气安装工程

序号	清单项目编码	清单项目特征	计　算　式	工程量合计	计量单位
1	030411001001	配管	镀锌电线管 T20　δ=1.2 暗敷，18＋21.1＋119.5＋115＋135.5＋94＋456.5＋117.5	1077.1	m
2	030411001002	配管	镀锌电线管 T25　δ=1.2 暗敷 53.5＋53.5＋25.5	132.5	m
3	030411004001	配线	难燃铜芯双塑线 ZR－BVV－2.5mm^2 穿管照明线路 55.5＋64.8＋605＋591.5＋533.5＋295.5＋1423.5＋366	3935.3	m
4	030412002001	工厂灯	工厂罩灯 GCC－1×100 吸顶　7	7	套
5	030412005001	荧光灯	格栅荧光灯盘 XD512－Y20×3 吸顶 60＋60＋30	150	套
6	030412001001	普通灯具	半圆球吸顶灯 XD1448－1×60Φ25055	55	套
7	030404034001	照明开关	单相单控双联暗开关 B52/1 86 型　5	5	套
8	030404034002	照明开关	单相单控三联暗开关 B53/1 86 型 15	15	套
9	030404035001	插座	单相三极暗插座 B5/10S 86 型　140	140	套
10	030404017001	配电箱	照明配电箱 MX1　300×200 金属箱体　暗装　1	1	台
11	030404017002	配电箱	照明配电箱 MX2～6　500×400 金属箱体　暗装　5	5	台
12	030411006001	接线盒	镀锌灯头盒 86 型　暗装　7＋60＋60＋55＋30	212	个
13	030411006002	接线盒	镀锌开关盒 86 型　暗装　5＋5＋5＋5＋140	160	个
14	030414002001	送配电装置系统	送配电系统调试 1kW 以下　1	1	系统
15	030414011001	接地装置	接地电阻测试，接地网　1	1	系统

表 3-66　分部分项工程和单价措施项目清单与计价表

工程名称：某六层办公楼电气安装工程

序号	项目编码	项目名称	项目特征描述	计量单位	工程量	金额（元）	
						综合单价	总价
1	030411001001	配管	1. 名称：电线管 2. 材质：镀锌 3. 规格：T20　δ=1.2 4. 配置形式：暗敷	m	1077.1		
2	030411001002	配管	1. 名称：电线管 2. 材质：镀锌 3. 规格：T25　δ=1.2 4. 配置形式：暗敷	m	132.5		
3	030411004001	配线	1. 名称：难燃铜芯双塑线 2. 配线形式：照明线路穿管 3. 型号：ZR－BVV 4. 规格：$2.5mm^2$ 5. 材质：铜芯	m	3935.3		
4	030412002001	工厂灯	1. 名称：工厂罩灯 2. 型号：GCC 3. 规格：1×100W 4. 安装形式：吸顶安装	套	7		
5	030412005001	荧光灯	1. 名称：格栅荧光灯盘 2. 型号：XD512－Y 3. 规格：3×20W 4. 安装形式：吸顶安装	套	150		
6	030412001001	普通灯具	1. 名称：半圆球吸顶灯 2. 型号：XD1448 3. 规格：1×60　Φ250 4. 安装形式：吸顶安装	套	55		
7	030404034001	照明开关	1. 名称：单向单控双联暗开关 2. 型号：250V/10A　86 型 3. 安装形式：暗装	套	5		

续表 3-66

序号	项目编码	项目名称	项目特征描述	计量单位	工程量	金额（元）	
						综合单价	总价
8	030404034002	照明开关	1. 名称：单向单控三联暗开关 2. 型号：250V/10A 86 型 3. 安装形式：暗装	套	15		
9	030404035001	插座	1. 名称：单向三极暗插座 2. 型号：B5/10S 86 型 3 极 250V/10A 3. 安装形式：暗装	套	140		
10	030404017001	配电箱	1. 名称：照明配电箱 MX1 2. 规格：300×200（宽×高） 3. 安装形式：嵌墙暗装，底边距地 1.7m	台	1		
11	030404017002	配电箱	1. 名称：照明配电箱 MX2～6 2. 规格：500×400（宽×高） 3. 安装形式：嵌墙暗装，底边距地 1.7m	台	5		
12	030411006001	接线盒	1. 名称：灯头盒 2. 材质：钢制镀锌 3. 规格：86H 4. 安装形式：暗装	个	212		
13	030411006002	接线盒	1. 名称：开关插座接线盒 2. 材质：钢制镀锌 3. 规格：86H 4. 安装形式：暗装	个	160		
14	030414002001	送配电装置系统	1. 名称：低压送配电系统调试 2. 电压等级：1kV 以下 3. 类型：综合	系统	1		
15	030414011001	接地装置	1. 名称：系统调试 2. 类别：接地网	系统	1		

3.13 附属工程及电气调整试验工程工程量计算及清单编制实例

3.13.1 附属工程清单工程量计算规则

附属工程工程量清单项目设置、项目特征描述的内容、计量单位及工程量计算规则，应按表3-67的规定执行。

表3-67 附属工程（编码：030413）

项目编码	项目名称	项 目 特 征	计量单位	工程量计算规则	工作内容
030413001	铁构件	1. 名称 2. 材质 3. 规格	kg	按设计图示尺寸以质量计算	1. 制作 2. 安装 3. 补刷（喷）油漆
030413002	凿（压）槽	1. 名称 2. 规格 3. 类型 4. 填充（恢复）方法 5. 混凝土标准	m	按设计图示尺寸以长度计算	1. 开槽 2. 恢复处理
030413003	打洞（孔）	1. 名称 2. 规格 3. 类型 4. 填充（恢复）方法 5. 混凝土标准	个	按设计图示数量计算	1. 开孔、洞 2. 恢复处理
030413004	管道包封	1. 名称 2. 规格 3. 混凝土强度等级	m	按设计图示长度计算	1. 灌注 2. 养护
030413005	人（手）孔砌筑	1. 名称 2. 规格 3. 类型	个	按设计图示数量计算	砌筑
030413006	人（手）孔防水	1. 名称 2. 类型 3. 规格 4. 防水材质及做法	m^2	按设计图示防水面积计算	防水

注：铁构件适用于电气工程的各种支架、铁构件的制作与安装。

3.13.2 电气调整试验工程清单工程量计算规则

1. 工程量清单计算规则

电气调整试验工程量清单项目设置、项目特征描述的内容、计量单位及工程量计算规则，应按表3-68的规定执行。

表3-68 电气调整试验（编码：030414）

<table>
<tr><th>项目编码</th><th>项目名称</th><th>项目特征</th><th>计量单位</th><th>工程量计算规则</th><th>工作内容</th></tr>
<tr><td>030414001</td><td>电力变压器系统</td><td>1. 名称
2. 型号
3. 容量（kV.A）</td><td rowspan="2">系统</td><td rowspan="2">按设计图示系统计算</td><td rowspan="2">系统调试</td></tr>
<tr><td>030414002</td><td>送配电装置系统</td><td>1. 名称
2. 型号
3. 电压等级（kV）
4. 类型</td></tr>
<tr><td>030414003</td><td>特殊保护装置</td><td rowspan="2">1. 名称
2. 类型</td><td>台（套）</td><td rowspan="3">按设计图示数量计算</td><td rowspan="3">调试</td></tr>
<tr><td>030414004</td><td>自动投入装置</td><td>系统（台、套）</td></tr>
<tr><td>030414005</td><td>中央信号装置</td><td>1. 名称
2. 类型</td><td>系统（台）</td></tr>
<tr><td>030414006</td><td>事故照明切换装置</td><td>1. 名称
2. 类型</td><td rowspan="2">系统</td><td rowspan="2">按设计图示系统计算</td><td rowspan="5">调试</td></tr>
<tr><td>030414007</td><td>不间断电源</td><td>1. 名称
2. 类型
3. 容量</td></tr>
<tr><td>030414008</td><td>母线</td><td rowspan="3">1. 名称
2. 电压等级（kV）</td><td>段</td><td rowspan="3">按设计图示数量计算</td></tr>
<tr><td>030414009</td><td>避雷器</td><td rowspan="2">组</td></tr>
<tr><td>030414010</td><td>电容器</td></tr>
</table>

续表 3-68

项目编码	项目名称	项 目 特 征	计量单位	工程量计算规则	工作内容
030414011	接地装置	1. 名称 2. 类别	1. 系统 2. 组	1. 以系统计量，按设计图示系统计算 2. 以组计量，按设计图示数量计算	接地电阻测试
030414012	电抗器、消弧线圈		台	按设计图示数量计算	调试
030414013	电除尘器	1. 名称 2. 型号 3. 规格	组		
030414014	硅整流设备、可控硅整流装置	1. 名称 2. 类别 3. 电压（V） 4. 电流（A）	系统	按设计图示系统计算	
030414015	电缆试验	1. 名称 2. 电压等级（kV）	次（根、点）	按设计图示数量计算	试验

注：1. 功率大于 10kW 电动机及发电机的启动调试用的蒸汽、电力和其他动力能源消耗及变压器空载试运转的电力消耗及设备需烘干处理应说明。

2. 配合机械设备及其他工艺的单体试车，应按《通用安装工程工程量计算规范》GB 50856—2013 附录 N 措施项目相关项目编码列项。

3. 计算机系统调试应按《通用安装工程工程量计算规范》GB 50856—2013 附录 F 自动化控制仪表安装工程相关项目编码列项。

2. 清单项目相关问题说明

表 3-68 适用于电力变压器系统、送配电装置系统、特殊保护装置（距离保护、高频保护、失灵保护、失磁保护、交流器断线保护、小电流接地保护）、自动投入装置、接地装置等系统的电气设备的本体试验和主要设备分系统调试的工程量清单项目设置与计量。

(1) 清单项目的设置与计量

表 3-68 中的项目特征基本上是以系统名称或保护装置及设备本体名称来设置的。如变压器系统调试就以变压器的名称、型号、容量来设置。

供电系统的项目设置：1kV 以下和直流供电系统均以电压来设置，而 10kV 以下的交流供电系统则以供电用的负荷隔离开关、断路器和带电抗器分别设置。

特殊保护装置调试的清单项目按其保护名称设置，其他均按需要调试的装置或设备的名称来设置。

计量单位多为“系统”，也有“台”、“套”、“组”，计算规则按设计图示数量计算。

名称和编码均按表 3-68 的规定设置。

(2) 其他相关说明

调整试验项目系指一个系统的调整试验，它是由多台设备、组件（配件）、网络连在一起，经过调整试验才能完成某一特定的生产过程，这个工作（调试）无法综合考虑在某一实体（仪表、设备、组件、网络）上，因此不能用物理计量单位或一般的自然计量单位来计量，只能用“系统”为单位计量。

电气调试系统的划分以设计的电气原理系统图为依据。具体划分可参照《全国统一安装工程预算定额》GYD—202—2000“电气设备安装工程”的有关规定。

3.13.3 电气调整试验工程定额工程量计算规则

1. 定额工程量计算说明

1）电气调整试验工程定额内容包括电气设备的本体试验和主要设备的分系统调试。成套设备的整套启动调试按专业定额另行计算。主要设备的分系统内所含的电气设备组件的本体试验已包括在该分系统调试定额之内。如变压器的系统调试中已包括该系统中的变压器、互感器、开关、仪表和继电器等一、二次设备的本体调试和回路试验。绝缘子和电缆等单体试验，只在单独试验时使用，不得重复计算。

2）电气调整试验工程定额的调试仪表使用费系按“台班”形式表示的，与《全国统一安装工程施工仪器仪表台班费用定额》GFD—201—1999 配套使用。

3）送配电设备调试中的 1kV 以下定额适用于所有低压供电回路，如从低压配电装置至分配电箱的供电回路；但从配电箱直接至电动机的供电回路已包括在电动机的系统调试定额内。送配电设备系统调试包括系统内的电缆试验、瓷瓶耐压等全套调试工作。供电桥回路中的断路器、母线分段断路器皆作为独立的供电系统计算，定额皆按一个系统一侧配一台断路器考虑的。若两侧皆有断路器时，则按两个系统计算。如果分配电箱内只有刀开关、熔断器等不含调试组件的供电回路，则不再作为调试系统计算。

4）由于电气控制技术的飞跃发展，原定额的成套电气装置（如桥式起重机电气装置等）的控制系统已发生了根本的变化，至今尚无统一的标准，故定额取消了原定额中的成套电气设备的安装与调试。起重机电气装置、空调电气装置、各种机械设备的电气装置，如堆取料机、装料车、推煤车等成套设备的电气调试，应分别按相应的分项调试定额执行。

5）定额不包括设备的烘干处理和设备本身缺陷造成的组件更换修理和修改，亦未考虑因设备组件质量低劣对调试工作造成的影响。定额系按新的合格设备考虑的，如遇以上情况时，应另行计算。经修配改或拆迁的旧设备调试，定额乘以系数 1.1。

6）电气调整试验工程定额只限电气设备自身系统的调整试验，未包括电气设备带动机械设备的试运工作，发生时应按专业定额另行计算。

7）调试定额不包括试验设备、仪器仪表的场外转移费用。

8）电气调整试验工程定额系按现行施工技术验收规范编制的，凡现行规范（指定额编制时的规范）未包括的新调试项目和调试内容均应另行计算。

9）电气调试试验工程定额已包括熟悉资料、核对设备、填写试验记录、保护整定值的整定和调试报告的整理工作。

10）电力变压器如有“带负荷调压装置”，调试定额乘以系数1.12。三卷变压器、整流变压器、电炉变压器调试按同容量的电力变压器调试定额乘以系数1.2。3～10kV母线系统调试含一组电压互感器，1kV以下母线系统调试定额不含电压互感器，适用于低压配电装置的各种母线（包括软母线）的调试。

2. 定额工程量计算规则

1）电气调试系统的划分以电气原理系统图为依据。电气设备组件的本体试验均包括在相应定额的系统调试之内，不得重复计算。绝缘子和电缆等单体试验，只在单独试验时使用。在系统调试定额中，各工序的调试费用如需单独计算时，可按表3-69所列比率计算。

表3-69 电气调试系统各工序的调试费用比率（%）

比率 项目 / 工序	发电机调相机系统	变压器系统	送配电设备系统	电动机系统
一次设备本体试验	30	30	40	30
附属高压二次设备试验	20	30	20	30
一次电流及二次回路检查	20	20	20	20
继电器及仪表试验	30	20	20	20

2）电气调试所需的电力消耗已包括在定额内，一般不另计算。但10kW以上电机及发电机的启动调试用的蒸汽、电力和其他动力能源消耗及变压器空载试运转的电力消耗，另行计算。

3）供电桥回路的断路器、母线分段断路器，均按独立的送配电设备系统计算调试费。

4）送配电设备系统调试，系按一侧有一台断路器考虑的，若两侧均有断路器时，则应按两个系统计算。

5）送配电设备系统调试，适用于各种供电回路（包括照明供电回路）的系统调试。凡供电回路中带有仪表、继电器、电磁开关等调试组件的（不包括闸刀开关、保险器），均按调试系统计算。移动式电器和以插座连接的家电设备，业经厂家调试合格、不需要用户自调的设备，均不应计算调试费用。

6）变压器系统调试，以每个电压侧有一台断路器为准。多于一个断路器的，按相应电压等级送配电设备系统调试的相应定额另行计算。

7）干式变压器、油浸电抗器调试，执行相应容量变压器调试定额，乘以系数0.8。

8）特殊保护装置，均以构成一个保护回路为一套，其工程量计算规定如下（特殊保护装置未包括在各系统调试定额之内，应另行计算）：

①发电机转子接地保护，按全厂发电机共享一套考虑。

②距离保护，按设计规定所保护的送电线路断路器台数计算。

③高频保护，按设计规定所保护的送电线路断路器台数计算。

④零序保护，按发电机、变压器、电动机的台数或送电线路断路器的台数计算。

⑤故障录波器的调试，以一块屏为一套系统计算。

⑥失灵保护，按设置该保护的断路器台数计算。

⑦失磁保护，按所保护的电机台数计算。

⑧变流器的断线保护，按变流器台数计算。

⑨小电流接地保护，按装设该保护的供电回路断路器台数计算。

⑩保护检查及打印机调试，按构成该系统的完整回路为一套计算。

9）自动装置及信号系统调试，均包括继电器、仪表等组件本身和二次回路的调整试验。具体规定如下：

①备用电源自动投入装置，按连锁机构的个数确定备用电源自投装置系统数。一个备用厂用变压器，作为三段厂用工作母线备用的厂用电源，计算备用电源自动投入装置调试时，应为三个系统。装设自动投入装置的两条互为备用的线路或两台变压器，计算备用电源自动投入装置调试时，应为两个系统。备用电动机自动投入装置亦按此计算。

②线路自动重合闸调试系统，按采用自动重合闸装置的线路自动断路器的台数计算系统数。

③自动调频装置的调试，以一台发电机为一个系统。

④同期装置调试，按设计构成一套能完成同期并车行为的装置为一个系统计算。

⑤蓄电池及直流监视系统调试，一组蓄电池按一个系统计算。

⑥事故照明切换装置调试，按设计能完成交直流切换的一套装置为一个调试系统计算。

⑦周波减负荷装置调试，凡有一个周率继电器，不论带几个回路，均按一个调试系统计算。

⑧变送器屏以屏的个数计算。

⑨中央信号装置调试，按每一个变电所或配电室为一个调试系统计算工程量。

10）接地网的调试规定如下：

①接地网接地电阻的测定。一般的发电厂或变电站连为一体的母网，按一个系统计算；自成母网不与厂区母网相连的独立接地网，另按一个系统计算。大型建筑群各有自己的接地网（接地电阻值设计有要求），虽然在最后也将各接地网联在一起，但应按各自的接地网计算，不能作为一个网，具体应按接地网的试验情况而定。

②避雷针接地电阻的测定。每一避雷针均有单独接地网（包括独立的避雷针、烟囱避雷针等）时，均按一组计算。

③独立的接地装置按组计算。如一台柱上变压器有一个独立的接地装置，即按一组计算。

11）避雷器、电容器的调试，按每三相为一组计算，单个装设的亦按一组计算。上述设备如设置在发电机、变压器，输、配电线路的系统或回路内，仍应按相应定额另外计算调试费用。

12）高压电气除尘系统调试，按一台升压变压器、一台机械整流器及附属设备为一个系统计算，分别按除尘器范围（m^2）执行定额。

13）硅整流装置调试，按一套硅整流装置为一个系统计算。

14）普通电动机的调试，分别按电机的控制方式、功率、电压等级，以“台”为计量单位。

15）可控硅调速直流电动机调试以“系统”为计量单位。其调试内容包括可控硅整流装置系统和直流电动机控制回路系统两个部分的调试。

16）交流变频调速电动机调试以“系统”为计量单位。其调试内容包括变频装置系统和交流电动机控制回路系统两个部分的调试。

17）微型电机系指功率在 0.75kW 以下的电机，不分类别，一律执行微电机综合调试定额，以“台”为计量单位。电机功率在 0.75kW 以上的电机调试，应按电机类别和功率分别执行相应的调试定额。

18）一般的住宅、学校、办公楼、旅馆、商店等民用电气工程的供电调试应按下列规定：

①配电室内带有调试组件的盘、箱、柜和带有调试组件的照明主配电箱，应按供电方式执行相应的“配电设备系统调试”定额。

②每个用户房间的配电箱（板）上虽装有电磁开关等调试组件，但如果生产厂家已按固定的常规参数调整好，不需要安装单位进行调试就可直接投入使用的，不得计取调试费用。

③民用电度表的调整校验属于供电部门的专业管理，一般皆由用户向供电局订购调试完毕的电度表，不得另外计算调试费用。

19）高标准的高层建筑、高级宾馆、大会堂、体育馆等具有较高控制技术的电气工程（包括照明工程），应按控制方式执行相应的电气调试定额。

3.13.4 电气调整试验工程工程量计算与清单编制实例

【例 3-29】 事故照明电源切换系统如图 3-24 所示，试计算其清单工程量。

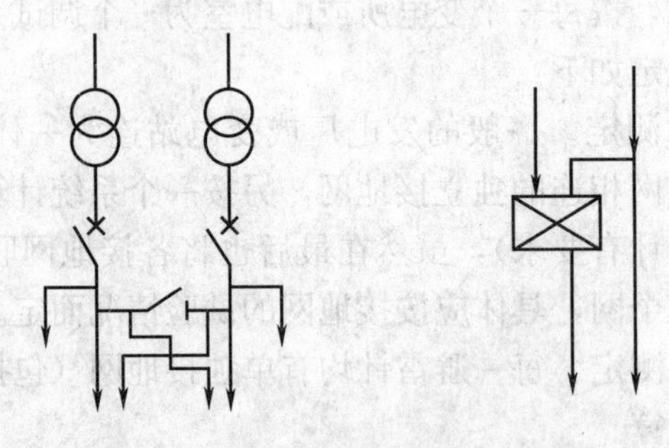

图 3-24 事故照明电源切换系统图示

【解】

清单工程量：

1）中央信号装置：1 系统。

2）事故照明切换装置：2 系统。

分部分项工程和单价措施项目清单与计价表见表 3-70。

表 3-70 分部分项工程和单价措施项目清单与计价表

工程名称：某工程

序号	项目编码	项目名称	项目特征描述	计量单位	工程量	金额（元）	
						综合单价	总价
1	030414005001	中央信号装置	中央信号装置安装	系统	1		
2	030414006001	事故照明切换装置	事故照明切换装置调试安装	系统	2		

4 电气工程工程量清单及计价编制实例

4.1 电气工程招标工程量清单编制实例

现以某电气设备安装工程为例，介绍电气工程招标工程量清单编制（由委托工程造价咨询人编制）。

1. 封面

【填制说明】 招标工程量清单封面应填写招标工程项目的具体名称，招标人应盖单位公章，如委托工程造价咨询人编制，还应由其加盖相同单位公章。

招标人委托工程造价咨询人编制招标工程量清单的封面，除招标人盖单位公章外，还应加盖受委托编制招标工程量清单的工程造价咨询人的单位公章。

封-1 招标工程量清单封面

某电气设备安装 工程

招标工程量清单

招 标 人： ××电气工程局
（单位盖章）

造价咨询人： ××工程造价咨询公司
（单位盖章）

××年×月×日

2. 扉页

【填制说明】

1）招标人自行编制工程量清单时，招标工程量清单扉页由招标人单位注册的造价人员编制，招标人盖单位公章，法定代表人或其授权人签字或盖章。编制人是造价工程师的，由其签字盖执业专用章；编制人是造价员的，在编制人栏签字盖专用章，应由造价工程师复核，并在复核人栏签字盖执业专用章。

2）招标人委托工程造价咨询人编制工程量清单时，招标工程量清单扉页由工程造价咨询人单位注册的造价人员编制，工程造价咨询人盖单位资质专用章，法定代表人或其授权人签字或盖章。编制人是造价工程师的，由其签字盖执业专用章；编制人是造价员的，在编制人栏签字盖专用章，应由造价工程师复核，并在复核人栏签字盖执业专用章。

扉-1　招标工程量清单扉页

某电气设备安装　工程

招标工程量清单

招标人：××电气工程局（单位盖章）　　造价咨询人：××工程造价咨询企业（单位资质专用章）

法定代表人或其授权人：××公司代表人（签字或盖章）　　法定代表人或其授权人：××工程造价咨询企业代表人（签字或盖章）

编制人：××造价工程师或造价员（造价人员签字盖专用章）　　复核人：××造价工程师（造价工程师签字盖专用章）

编制时间：××年×月×日　　复核时间：××年×月×日

3. 总说明

【填制说明】 编制工程量清单的总说明内容应包括：

1）工程概况：如建设地址、建设规模、工程特征、交通状况、环保要求等。

2）工程发包、分包范围。

3）工程量清单编制依据：如采用的标准、施工图纸、标准图集等。

4）使用材料设备、施工的特殊要求等。

5）其他需要说明的问题。

表-01 总 说 明

工程名称：某电气设备安装工程 第1页 共1页

1. 编制依据：

1.1 建设方提供的工程施工图、《××电气设备安装工程投标邀请书》、《投标须知》、《××电气设备安装工程招标答疑》等一系列招标文件。

1.2 ××市建设工程造价管理站××××年第×期发布的材料价格，并参照市场价格。

2. 报价需要说明的问题：

2.1 该工程因无特殊要求，故采用一般施工方法。

2.2 因考虑到市场材料价格近期波动不大，故主要材料价格在××市建设工程造价管理站××××年第×期发布的材料价格基础上下浮3%。

3. 综合公司经济现状及竞争力，公司所报费率如下：（略）

4. 税金按3.413%计取。

4. 分部分项工程和单价措施项目清单与计价表

【填制说明】 编制工程量清单时，分部分项工程和单价措施项目清单与计价表中，“工程名称”栏应填写具体的工程称谓；“项目编码”栏应按相关工程国家计量规范项目编码栏内规定的9位数字另加3位顺序码填写；“项目名称”栏应按相关工程国家计量规范根据拟建工程实际确定填写；“项目描述”栏应按相关工程国家计量规范根据拟建工程实际予以描述。

“项目描述”栏的具体要求如下：

（1）必须描述的内容

1）涉及正确计量的内容必须描述。

2）涉及结构要求的内容必须描述。如混凝土构件的混凝土强度等级，是使用C20、C30或C40等，因混凝土强度等级不同，其价值也不同，必须描述。

3）涉及材质要求的内容必须描述。如管材的材质，是碳钢管还是塑料管、不锈钢管等；还需要对管材的规格、型号进行描述。

4）涉及安装方式的内容必须描述。如管道工程中的钢管的连接方式是螺纹连接还是焊接；塑料管是粘结连接还是热熔连接等必须描述。

（2）可不详细描述的内容

1）无法准备描述的可不详细描述。如土壤类别，由于我国幅员辽阔，南北东西差异较大，特别是对于南方来说，在同一地点，由于表层与表层土以下的土壤，其类别是不同的，要求清单编制人准确判定某类土壤在石方中所占比例是困难的。在这种情况下，可考虑将土壤类别描述为综合，但应注明由投标人根据地勘资料自行确定土壤类别，决定报价。

2）施工图纸、标准图集明确的，可不再详细描述。对这些项目可描述为见××图集××页号及节点大样等。由于施工图纸、标准图集是发承包双方都应遵守的技术文件，这样描述，可以有效地减少在施工过程中对项目理解的不一致。

3）有一些项目虽然可不详细描述，但清单编制人在项目特征描述中应注明由投标人自定，如土方工程中的“取土运距”、“弃土运距”等。

4）一些地方以项目特征见××定额的表述也是值得考虑的。由于现行定额经过了几十年的贯彻实施，每个定额项目实质上都是一定项目特征下的消耗量标准及其价值表示，因此，如清单项目的项目特征与现行定额某些项目的规定是一致的，也可采用见××定额项目的方式予以表述。

（3）特征描述的方式

特征描述的方式大致可划分为“问答式”与“简化式”两种。

1）问答式主要是工程量清单编写者直接采用工程计价软件上提供的规范，在要求描述的项目特征上采用答题的方式进行描述。这种方式的优点是全面、详细，缺点是显得啰嗦，打印用纸较多。

2）简化式则与问答式相反，对需要描述的项目特征内容根据当地的用语习惯，采用口语化的方式直接表述，省略了规范上的描述要求，简洁明了，打印用纸较少。

“计量单位”应按相关工程国家计量规范的规定填写。有的项目规范中有两个或两个以上计量单位的，应按照最适宜计量的方式选择其中一个填写。

“工程量”应按相关工程国家计量规范规定的工程量计算规则计算填写。

按照本表的注示：为了记取规费等的使用，可在表中增设其中：“定额人工费”，由于各省、自治区、直辖市以及行业建设主管部门对规费记取基础的不同设置，可灵活处理。

表-08 分部分项工程和单价措施项目清单与计价表（一）

工程名称：某电气设备安装工程 标段： 第1页 共5页

序号	项目编码	项目名称	项目特征描述	计量单位	工程量	金额（元）		
						综合单价	合价	其中 暂估价
			0304 电气设备安装工程					
1	030401001001	油浸电力变压器	1. 名称：油浸式电力变压器安装 2. 型号：SL1 3. 容量：1000kV·A 4. 电压：10kV	台	1			
2	030401001002	油浸电力变压器	1. 名称：油浸式电力变压器安装 2. 型号：SL1 3. 容量：500kV·A 4. 电压：10kV	台	1			
3	030401002001	干式变压器	干式电力变压器安装	台	2			
4	030404004001	低压开关柜（屏）	1. 名称：低压配电盘 2. 基础型钢形式、规格：基础槽钢 10# 3. 手工除锈 4. 红丹防锈漆两遍	块	11			
5	030404017001	配电箱	1. 名称：总照明配电箱 2. 型号：OAP/XL－21	台	1			
6	030404017002	配电箱	1. 名称：总照明配电箱 2. 型号：1AL/kV4224/3	台	2			
			分部小计					
			本页小计					
			合 计					

注：为计取规费等的使用，可在表中增设其中：“定额人工费”。

表-08 分部分项工程和单价措施项目清单与计价表（二）

工程名称：某电气设备安装工程　　　　标段：　　　　第2页　共5页

序号	项目编码	项目名称	项目特征描述	计量单位	工程量	金额/元		
						综合单价	合价	其中 暂估价
7	030404017003	配电箱	1. 名称：总照明配电箱 2. 型号：2AL/kV4224/4	台	1			
8	030404031001	小电器	1. 名称：板式暗开关 2. 接线形式：单控双联	套	4			
9	030404031002	小电器	1. 名称：板式暗开关 2. 接线形式：单控单联	套	7			
10	030404031003	小电器	1. 名称：板式暗开关 2. 接线形式：单控三联	套	8			
11	030404031004	小电器	1. 名称：声控节能开关 2. 接线形式：单控单联	套	4			
12	030404031005	小电器	1. 名称：单相暗插座 2. 规格：15A，5孔	套	33			
13	030404031006	小电器	1. 名称：单相暗插座 2. 规格：15A，3孔	套	8			
14	030404031007	小电器	1. 名称：三相暗插座 2. 规格：15A，4孔	套	5			
15	030404031008	小电器	1. 名称：防爆带表按钮 2. 规格：2A53−2A	台	6			
16	030404031009	小电器	防爆按钮	个	22			
17	030404031010	小电器	1. 名称：单相暗插座 2. 规格：20A，5孔	套	33			
			分部小计					
			本页小计					
			合　计					

注：为计取规费等的使用，可在表中增设其中："定额人工费"。

表-08 分部分项工程和单价措施项目清单与计价表（三）

工程名称：某电气设备安装工程　　　　标段：　　　　第3页　共5页

序号	项目编码	项目名称	项目特征描述	计量单位	工程量	金额（元）		
						综合单价	合价	其中
								暂估价
18	030406005001	普通交流同步电动机	1. 防爆电机检查接线 2. 3kW	台	1			
19	030406005002	普通交流同步电动机	1. 防爆电机检查接线 2. 13kW	台	6			
20	030406005003	普通交流同步电动机	1. 防爆电机检查接线 2. 30kW	台	6			
21	030406005004	普通交流同步电动机	1. 防爆电机检查接线 2. 55kW	台	3			
22	030408001001	电力电缆	敷设 35mm² 以内热缩铜芯电力电缆头	km	3.28			
23	030408001002	电力电缆	敷设 120mm² 以内热缩铜芯电力电缆头	km	0.34			
24	030408001003	电力电缆	敷设 240mm² 以内热缩铜芯电力电缆头	km	0.37			
25	030408002001	控制电缆	敷设 6 芯以内控制电缆	km	2.76			
26	030408002002	控制电缆	敷设 14 芯以内控制电缆	km	0.21			
本页小计								
合　计								

注：为计取规费等的使用，可在表中增设其中："定额人工费"。

表-08 分部分项工程和单价措施项目清单与计价表（四）

工程名称：某电气设备安装工程　　标段：　　第4页 共5页

序号	项目编码	项目名称	项目特征描述	计量单位	工程量	金额（元）		
						综合单价	合价	其中
								暂估价
27	030411001001	配管	1. 名称：钢管配管 2. 规格：*DN*50	m	7.3			
28	030411001002	配管	1. 名称：硬质阻燃管 2. 规格：*DN*25	m	227.6			
29	030411001003	配管	1. 名称：硬质阻燃管 2. 规格：*DN*15	m	211.7			
30	030411001004	配管	1. 名称：硬质阻燃管 2. 规格：*DN*20	m	61.5			
31	030411004001	配线	1. 名称：电缆 2. 规格：五芯	m	7.3			
32	030411004002	配线	1. 名称：铜芯线 2. 规格：6mm	m	111.6			
33	030411004003	配线	1. 名称：铜芯线 2. 规格：7mm	m	746.5			
34	030411004004	配线	1. 名称：铜芯线 2. 规格：8mm	m	116.4			
35	030411004005	配线	1. 名称：铜芯线 2. 规格：9mm	m	476			
36	030412001001	普通灯具	单管吸顶灯	套	10			
37	030412001002	普通灯具	1. 名称：半圆球吸顶灯 2. 规格：直径300mm	套	15			
			分部小计					
			本页小计					
			合　计					

注：为计取规费等的使用，可在表中增设其中："定额人工费"。

表-08 分部分项工程和单价措施项目清单与计价表（五）

工程名称：某电气设备安装工程　　　　标段：　　　　第5页　共5页

序号	项目编码	项目名称	项目特征描述	计量单位	工程量	金额（元）		
						综合单价	合价	其中
								暂估价
38	030412001003	普通灯具	1. 名称：半圆球吸顶灯 2. 规格：直径250mm	套	2			
39	030412001004	普通灯具	软线吊灯	套	2			
40	030412002001	工厂灯	圆球形工厂灯（吊管）	套	9			
41	030412004001	装饰灯	1. 名称：LED装饰灯 2. 规格：10mm×300cm	套	5			
42	030412004002	装饰灯	1. 名称：LED装饰灯 2. 规格：10mm×500cm	套	10			
43	030412005001	荧光灯	1. 名称：吊链式简式荧光灯 2. 型号：YG2－1	套	10			
44	030412005002	荧光灯	1. 名称：吊链式简式荧光灯 2. 型号：YG2－2	套	26			
45	030412005003	荧光灯	1. 名称：吊链式荧光灯 2. 型号：YG16－3	套	4			
46	030412002001	工厂灯	1. 名称：隔爆型防爆安全灯 2. 安装形式：直杆式安装	套	114			
47	030414011001	接地装置	送配电装置系统接地网	系统	1			
48	030414011002	接地装置	接地母线　40mm×4mm	m	700			
49	030414011003	接地装置	接地母线　25mm×4mm	m	220			
			本页小计					
			合　计					

注：为计取规费等的使用，可在表中增设其中："定额人工费"。

5. 总价措施项目清单与计价表

【填制说明】 编制工程量清单时，总价措施项目清单与计价表中的项目可根据工程实际情况进行增减。

表-11 总价措施项目清单与计价表

工程名称：某电气设备安装工程　　标段：　　第1页 共1页

序号	项目编码	项 目 名 称	计算基础	费率（%）	金额（元）	调整费率（%）	调整后金额（元）	备注
1	031302001001	安全文明施工费						
2	011705001001	大型机械设备进出场安拆						
3	031302004001	二次搬运费						
4	031302002001	夜间施工费						
5	031301018001	接地装置调试费						
		合 计						

编制人（造价人员）：　　复核人（造价工程师）：

注：1. “计算基础”中安全文明施工费可为“定额基价”、“定额人工费”或“定额人工费＋定额机械费”，其他项目可为“定额人工费”或“定额人工费＋定额机械费”。

2. 按施工方案计算的措施费，若无“计算基础”和“费率”的数值，也可只填“金额”数值，但应在备注栏说明施工方案出处或计算方法。

6. 其他项目清单与计价表

【填制说明】 编制招标工程量清单时，其他项目清单与计价汇总表应汇总“暂列金额”和“专业工程暂估价”，以提供给投标报价。

表-12 其他项目清单与计价汇总表

工程名称：某电气设备安装工程　　标段：　　第1页 共1页

序号	项 目 名 称	金额（元）	结算金额（元）	备注
1	暂列金额	10000.00		明细详见表-12-1
2	暂估价	—		
2.1	材料（工程设备）暂估价	—		明细详见表-12-2
2.2	专业工程暂估价			明细详见表-12-3
3	计日工			明细详见表-12-4
4	总承包服务费			明细详见表-12-5
	合 计			

注：材料（工程设备）暂估单价进入清单项目综合单价，此处不汇总。

（1）暂列金额明细表

【填制说明】 投标人只需要直接将招标工程量清单中所列的暂列金额纳入投标总价，并且不需要在所列的暂列金额以外再考虑任何其他费用。

表-12-1 暂列金额明细表

工程名称：某电气设备安装工程　　　　标段：　　　　第1页 共1页

序号	项目名称	计量单位	暂列金额（元）	备注
1	政策性调整和材料价格风险	项	7500.00	
2	其他	项	2500.00	
合计			10000.00	

注：此表由招标人填写，如不能详列，也可只列暂定金额总额，投标人应将上述暂列金额计入投标总价中。

（2）材料（工程设备）暂估单价及调整表

【填制说明】 一般而言，招标工程量清单中列明的材料、工程设备的暂估价仅指此类材料、工程设备本身运至施工现场内工地地面价，不包括这些材料、工程设备的安装以及安装所必需的辅助材料以及发生在现场内的验收、存储、保管、开箱、二次搬运、从存放地点运至安装地点以及其他任何必要的辅助工作（以下简称“暂估价项目的安装及辅助工作”）所发生的费用。暂估价项目的安装及辅助工作所发生的费用应该包括在投标报价中的相应清单项目的综合单价中并且固定包死。

表-12-2 材料（工程设备）暂估单价及调整表

工程名称：某电气设备安装工程　　　　标段：　　　　第1页 共1页

序号	材料（工程设备）名称、规格、型号	计量单位	数量		暂估（元）		确认（元）		差额±（元）		备注
			暂估	确认	单价	合价	单价	合价	单价	合价	
1	SL1−1000kV·A/10kV油浸式电力变压器	台	1		5000						
2	（其他略）										
合计											

注：此表由招标人填写“暂估单价”，并在备注栏说明暂估价的材料、工程设备拟用在哪些清单项目上，投标人应将上述材料、工程设备暂估单价计入工程量清单综合单价报价中。

（3）专业工程暂估价表

【填制说明】　专业工程暂估价应在表内填写工程名称、工程内容、暂估金额，投标人应将上述金额计入投标总价中。

专业工程暂估价项目及其表中列明的专业工程暂估价，是指分包人实施专业工程的含税金后的完整价（即包含了该专业工程中所有供应、安装、完工、调试、修复缺陷等全部工作），除了合同约定的发包人应承担的总包管理、协调、配合和服务责任所对应的总承包服务费用以外，承包人为履行其总包管理、配合、协调和服务等所需发生的费用应该包括在投标报价中。

表-12-3　专业工程暂估价表

工程名称：某电气设备安装工程　　　　标段：　　　　第1页　共1页

序号	工程名称	工程内容	暂估金额（元）	结算金额（元）	差额±（元）	备注
1	消防工程	合同图纸中标明的以及消防工程规范和技术说明中规定的各系统中的设备等的供应、安装和调试工作	3000.00			
合　计			3000.00			

注：此表“暂估金额”由招标人填写，投标人应将“暂估金额”计入投标总价中。

(4) 计日工表

【填制说明】 编制工程量清单时，计日工表中的“项目名称”、“计量单位”、“暂估数量”由招标人填写。

表-12-4 计日工表

工程名称：某电气设备安装工程 标段： 第1页 共1页

编号	项目名称	单位	暂定数量	实际数量	综合单价（元）	合价（元）	
						暂定	实际
一	人工						
1	高级技术工人	工时	10				
2	技术工人	工时	12				
人工小计							
二	材料						
1	电焊条结422	kg	3.00				
2	型材	kg	10.00				
材料小计							
三	施工机械						
1	直流电焊机20kW	台班	3				
2	交流电焊机1kV·A	台班	2				
施工机械小计							
四	企业管理费和利润						
合计							

注：此表项目名称、暂定数量由招标人填写，编制招标控制价时，单价由招标人按有关计价规定确定；投标时，单价由投标人自主报价，按暂定数量计算合价计入投标总价中。结算时，按承包双方确认的实际数量计算。

(5) 总承包服务费计价表

【填制说明】 编制招标工程量清单时，招标人应将拟进行专业发包的专业工程，自行采购的材料设备等确定清楚，填写项目名称、服务内容，以便投标人决定报价。

表-12-5 总承包服务费计价表

工程名称：某电气设备安装工程 标段： 第1页 共1页

序号	项目名称	项目价值（元）	服务内容	计算基础	费率（%）	金额（元）
1	发包人发包专业工程	10000	1. 按专业工程承包人的要求提供施工工作面并对施工现场进行统一整理汇总 2. 为专业工程承包人提供垂直运输机械和焊接电源接入点，并承担垂直运输费和电费			
2	发包人供应材料	45000	对发包人供应的材料进行验收及保管和使用发放			
	合 计	—	—		—	

注：此表项目名称、服务内容有招标人填写，编制招标控制价时，费率及金额由招标人按有关计价规定确定；投标时，费率及金额由投标人自主报价，计入投标总价中。

7. 规费、税金项目计价表

【填制说明】 在施工实践中，有的规费项目，如工程排污费，并非每个工程所在地都要征收，实践中可作为按实计算的费用处理。

表-13 规费、税金项目计价表

工程名称：某电气设备安装工程　　标段：　　第1页　共1页

序号	项目名称	计算基础	计算基数	计算费率（%）	金额（元）
1	规费				
1.1	社会保险费				
(1)	养老保险费	定额人工费			
(2)	失业保险费	定额人工费			
(3)	医疗保险费	定额人工费			
(4)	工伤保险费	定额人工费			
1.2	住房公积金	定额人工费			
1.3	工程定额测定费	税前工程造价			
2	税金	分部分项工程费＋措施项目费＋其他项目费＋规费－按规定不计税的工程设备金额			
合　计					

编制人（造价人员）：　　复核人（造价工程师）：

8. 主要材料、工程设备一览表

【填制说明】　《建设工程工程量清单计价规范》（GB 50500—2013）中新增加“主要材料、工程设备一览表”，由于材料等价格占据合同价款的大部分，对材料价款的管理历来是发承包双方十分重视的，因此，规范针对发包人供应材料设置了“发包人提供材料和工程设备一览表”，针对承包人供应材料按当前最主要的调整方法设置了两种表式，分别适用于“造价信息差额调整法”与“价格指数差额调整法”。

实际工程中，通常由发包人或承包人单方提供材料和工程设备，此例中将“发包人提供材料和工程设备一览表”、“承包人提供主要材料和工程设备一览表”均列出，仅供读者参考。

（1）发包人提供材料和工程设备一览表

表-20　发包人提供材料和工程设备一览表

工程名称：某电气设备安装工程　　标段：　　第1页　共1页

序号	材料（工程设备）名称、规格、型号	单位	数量	单价（元）	交货方式	送达地点	备注
1	槽钢	kg					
2	成套配电箱（落地式）	台					
3	钢筋（规格见施工图）	t					
	（其他略）						

注：此表由招标人填写，供投标人在投标报价、确定总承包服务费时参考。

（2）承包人提供主要材料和工程设备一览表　（适用于造价信息差额调整法）

表中“风险系数”应由发包人在招标文件中按照《建设工程工程量清单计价规范》GB 50500—2013的要求合理确定。表中将风险系数、基准单价、投标单价、发承包人确认单价在一个表内全部表示，可以大大减少发承包双方不必要的争议。

表-21　承包人提供主要材料和工程设备一览表

（适用于造价信息差额调整法）

工程名称：某电气设备安装工程　　标段：　　第1页　共1页

序号	名称、规格、型号	单位	数量	风险系数（%）	基准单价（元）	投标单价（元）	发承包人确认单价（元）	备注
1	槽钢	kg						
2	成套配电箱（落地式）	台						
	（其他略）							

注：1. 此表由招标人填写，除“投标单价”栏的内容，投标人在投标时自主确定投标单价。

2. 投标人应优先采用工程造价管理机构发布的单价作为基准单价，未发布的，通过市场调查确定其基准单价。

(3) 承包人提供主要材料和工程设备一览表 (适用于价格指数差额调整法)

表-22 承包人提供主要材料和工程设备一览表

(适用于价格指数差额调整法)

工程名称：某电气设备安装工程　　　　标段：　　　　　　　　　　第1页　共1页

序号	名称、规格、型号	变值权重 B	基本价格指数 F_0	现行价格指数 F_t	备注
1	人工				
2	槽钢				
3	机械费				
4	(其他略)				
	定值权重 A		—	—	
合计		1	—	—	

注：1. “名称、规格、型号”、“基本价格指数”栏由招标人填写，基本价格指数应首先采用工程造价管理机构发布的价格指数，没有时，可采用发布的价格代替。如人工、机械费也采用本法调整由招标人在“名称”栏填写。

2. “变值权重”栏由投标人根据该项人工费、机械费和材料费、工程设备值在投标总报价中所占的比例填写，1减去其比例为定值权重。

3. “现行价格指数”按约定的付款证书相关周期最后一天的前42天的各项价格指数填写，该指数应首先采用工程造价管理机构发布的价格指数，没有时，可采用发布的价格代替。

4.2 电气工程招标控制价编制实例

现以某电气设备安装工程为例，介绍招标控制价编制（由委托工程造价咨询人编制）。

1. 封面

【填制说明】

1）招标控制价封面应填写招标工程项目的具体名称，招标人应盖单位公章，如委托工程造价咨询人编制，还应由其加盖相同单位公章。

2）招标人委托工程造价咨询人编制招标控制价的封面，除招标人盖单位公章外，还应加盖受委托编制招标控制价的工程造价咨询人的单位公章。

封-2 招标控制价封面

某电气设备安装 工程

招标控制价

招 标 人：××电气工程局
（单位盖章）

造价咨询人：××工程造价咨询公司
（单位盖章）

××年×月×日

2. 扉页

【填制说明】

1）招标人自行编制招标控制价时，招标控制价扉页由招标人单位注册的造价人员编制，招标人盖单位公章，法定代表人或其授权人签字或盖章。编制人是造价工程师的，由其签字盖执业专用章；编制人是造价员的，由其在编制人栏签字盖专用章，应由造价工程师复核，并在复核人栏签字盖执业专用章。

2）招标人委托工程造价咨询人编制招标控制价时，招标控制价扉页由工程造价咨询人单位注册的造价人员编制，工程造价咨询人盖单位资质专用章，法定代表人或其授权人签字或盖章。编制人是造价工程师的，由其签字盖执业专用章；编制人是造价员的，在编制人栏签字盖专用章，应由造价工程师复核。并在复核人栏签字盖执业专用章。

扉-2 招标控制价扉页

某电气设备安装 工程

招 标 控 制 价

招标控制价（小写）： 199243. 84元

（大写）： 拾玖万玖仟贰佰肆拾叁元捌角肆分

招标人： ××电气工程局
（单位盖章）

造价咨询人： ××工程造价咨询企业
（单位资质专用章）

法定代表人
或其授权人： ××公司代表人
（签字或盖章）

法定代表人
或其授权人： ××工程造价咨询企业代表人
（签字或盖章）

编制人： ××造价工程师或造价员
（造价人员签字盖专用章）

复核人： ××造价工程师
（造价工程师签字盖专用章）

编制时间：××年×月×日 复核时间：××年×月×日

3. 总说明

【填制说明】 编制招标控制价的总说明内容应包括：

1）采用的计价依据。

2）采用的施工组织设计。

3）采用的材料价格来源。

4）综合单价中风险因素、风险范围（幅度）。

5）其他。

表-01 总 说 明

工程名称：某电气设备安装工程 第1页 共1页

1. 编制依据：

1.1 建设方提供的工程施工图、《建设工程工程量清单计价规范》GB 50500—2013、《通用安装工程工程量计算规范》GB 50856—2013、《中华人民共和国招标投标法》等一系列招标文件。

1.2 ××市建设工程造价管理站××××年第×期发布的材料价格，并参照市场价格。

2. 报价需要说明的问题：

2.1 该工程因无特殊要求，故采用一般施工方法。

2.2 税金按3.413%计取。

4. 招标控制价汇总表

【填制说明】 由于编制招标控制价和投标控制价包含的内容相同，只是对价格的处理不同，因此，对招标控制价和投标报价汇总表的设计使用同一表格。实践中，招标控制价或投标报价可分别印制该表格。

表-02　建设项目招标控制价汇总表

工程名称：某电气设备安装工程　　　　第1页　共1页

序号	单项工程名称	金额（元）	其中：（元）		
			暂估价	安全文明施工费	规费
1	某电气设备安装工程	199243.84	42500.00	14570.63	13987.80
合　计		199243.84	42500.00	14570.63	13987.80

注：本表适用于建设项目招标控制价或投标报价的汇总。

表-03 单项工程招标控制价汇总表

工程名称：某电气设备安装工程　　　　第1页 共1页

序号	单位工程名称	金额（元）	其中：（元）		
			暂估价	安全文明施工费	规费
1	某电气设备安装工程	199243.84	42500.00	14570.63	13987.80
	合　计	199243.84	42500.00	14570.63	13987.80

注：本表适用于单项工程招标控制价或投标报价的汇总。暂估价包括分部分项工程中的暂估价和专业工程暂估价。

表-04 单位工程招标控制价汇总表

工程名称：某电气设备安装工程　　　　第1页 共1页

序号	汇总内容	金额（元）	其中：暂估价（元）
1	分部分项工程	140077.02	42500.00
0304	电气设备安装工程	140077.02	42500.00
2	措施项目	11576.73	—
2.1	其中：安全文明施工费	4662.60	—
3	其他项目	17118.50	—
3.1	其中：暂列金额	10000.00	—
3.2	其中：专业工程暂估价	3000.00	—
3.3	其中：计日工	3168.50	—
3.4	其中：总承包服务费	950.00	—
4	规费	10727.13	—
5	税金	6126.31	—
招标控制价合计=1+2+3+4+5		185625.69	42500.00

注：本表适用于单位工程招标控制价的汇总，单项工程也使用本表汇总。

5. 分部分项工程和单价措施项目清单与计价表

【填制说明】 编制招标控制价时，分部分项工程和单价措施项目清单与计价表的“项目编码”、“项目名称”、“项目特征”、“计量单位”、“工程量”栏不变，对“综合单价”、“合价”以及“其中：暂估价”按《建设工程工程量清单计价规范》GB 50500—2013 的规定填写。

表-08　分部分项工程和单价措施项目清单与计价表（一）

工程名称：某电气设备安装工程　　　　标段：　　　　第1页　共5页

序号	项目编码	项目名称	项目特征描述	计量单位	工程量	金额（元）		
						综合单价	合价	其中：暂估价
0304　电气设备安装工程								
1	030401001001	油浸电力变压器	1. 名称：油浸式电力变压器安装 2. 型号：SL1 3. 容量：1000kV·A 4. 电压：10kV	台	1	8340.35	8340.35	5000.00
2	030401001002	油浸电力变压器	1. 名称：油浸式电力变压器安装 2. 型号：SL1 3. 容量：500kV·A 4. 电压：10kV	台	1	2956.04	2956.04	1000.00
3	030401002001	干式变压器	干式电力变压器安装	台	2	2262.10	4524.20	2500.00
4	030404004001	低压开关柜（屏）	1. 名称：低压配电盘 2. 基础型钢形式、规格：基础槽钢10# 3. 手工除锈 4. 红丹防锈漆两遍	块	11	503.17	5534.87	
5	030404017001	配电箱	1. 名称：总照明配电箱 2. 型号：OAP/XL—21	台	1	3244.92	3244.92	
6	030404017002	配电箱	1. 名称：总照明配电箱 2. 型号：1A L/kV 4224/3	台	2	710.39	1420.78	
本页小计							26021.16	8500.00
合　计							26021.16	8500.00

注：为计取规费等的使用，可在表中增设其中：“定额人工费”。

表-08 分部分项工程和单价措施项目清单与计价表（二）

工程名称：某电气设备安装工程　　标段：　　第2页 共5页

序号	项目编码	项目名称	项目特征描述	计量单位	工程量	金额（元）		
						综合单价	合价	其中 暂估价
7	030404017003	配电箱	1. 名称：总照明配电箱 2. 型号：2A L/kV 4224/4	台	1	710.39	710.39	
8	030404031001	小电器	1. 名称：板式暗开关 2. 接线形式：单控双联	套	4	9.07	36.28	
9	030404031002	小电器	1. 名称：板式暗开关 2. 接线形式：单控单联	套	7	17.54	122.78	
10	030404031003	小电器	1. 名称：板式暗开关 2. 接线形式：单控三联	套	8	12.38	99.04	
11	030404031004	小电器	1. 名称：声控节能开关 2. 接线形式：单控单联	套	4	7.54	30.16	
12	030404031005	小电器	1. 名称：单相暗插座 2. 规格：15A，5孔	套	33	15.39	507.87	
13	030404031006	小电器	1. 名称：单相暗插座 2. 规格：15A，3孔	套	8	19.60	156.80	
14	030404031007	小电器	1. 名称：三相暗插座 2. 规格：15A，4孔	套	5	36.40	182.00	
15	030404031008	小电器	1. 名称：防爆带表按钮 2. 规格：2A53－2A	台	6	137.59	825.53	
16	030404031009	小电器	防爆按钮	个	22	47.12	1036.64	
17	030404031010	小电器	1. 名称：单相暗插座 2. 规格：20A，5孔	套	33	15.39	507.87	
			本页小计				4215.36	—
			合　计				30744.39	8500.00

注：为计取规费等的使用，可在表中增设其中："定额人工费"。

表-08 分部分项工程和单价措施项目清单与计价表（三）

工程名称：某电气设备安装工程　　　　标段：　　　　第3页 共5页

序号	项目编码	项目名称	项目特征描述	计量单位	工程量	金额（元）		
						综合单价	合价	其中 暂估价
18	030406005001	普通交流同步电动机	1. 防爆电机检查接线 2. 3kW	台	1	556.98	556.98	
19	030406005002	普通交流同步电动机	1. 防爆电机检查接线 2. 13kW	台	6	856.32	5131.92	
20	030406005003	普通交流同步电动机	1. 防爆电机检查接线 2. 30kW	台	6	1185.83	7114.98	
21	030406005004	普通交流同步电动机	1. 防爆电机检查接线 2. 55kW	台	3	1710.21	5130.63	
22	030408001001	电力电缆	敷设 $35mm^2$ 以内热缩铜芯电力电缆头	km	3.28	7933.22	26020.96	15000.00
23	030408001002	电力电缆	敷设 $120mm^2$ 以内热缩铜芯电力电缆头	km	0.34	18025.91	6128.81	4000.00
24	030408001003	电力电缆	敷设 $240mm^2$ 以内热缩铜芯电力电缆头	km	0.37	24937.41	9226.84	6000.00
25	030408002001	控制电缆	敷设6芯以内控制电缆	km	2.76	4186.31	11554.22	8000.00
26	030408002002	控制电缆	敷设14芯以内控制电缆	km	0.21	9058.85	1902.36	1000.00
			本页小计				72767.70	34000.00
			合　计				103512.09	34500.00

注：为计取规费等的使用，可在表中增设其中："定额人工费"。

表-08 分部分项工程和单价措施项目清单与计价表（四）

工程名称：某电气设备安装工程　　标段：　　第 4 页 共 5 页

序号	项目编码	项目名称	项目特征描述	计量单位	工程量	金额（元）		
						综合单价	合价	其中 暂估价
27	030411001001	配管	1. 名称：钢管配管 2. 规格：DN50	m	7.30	30.00	219.00	
28	030411001002	配管	1. 名称：硬质阻燃管 2. 规格：DN25	m	227.60	7.89	1795.76	
29	030411001003	配管	1. 名称：硬质阻燃管 2. 规格：DN15	m	211.70	5.28	1117.78	
30	030411001004	配管	1. 名称：硬质阻燃管 2. 规格：DN20	m	61.50	6.54	402.21	
31	030411004001	配线	1. 名称：电缆 2. 规格：五芯	m	7.30	165.75	1209.98	
32	030411004002	配线	1. 名称：铜芯线 2. 规格：6mm	m	111.60	2.56	285.70	
33	030411004003	配线	1. 名称：铜芯线 2. 规格：7mm	m	746.50	2.56	1911.04	
34	030411004004	配线	1. 名称：铜芯线 2. 规格：8mm	m	116.40	1.83	213.01	
35	030411004005	配线	1. 名称：铜芯线 2. 规格：9mm	m	476.00	1.51	718.76	
36	030412001001	普通灯具	单管吸顶灯	套	10	58.57	585.70	
37	030412001002	普通灯具	1. 名称：半圆球吸顶灯 2. 规格：直径 300mm	套	15	64.09	961.35	
			本页小计				9420.29	—
			合　计				112932.38	42500.00

注：为计取规费等的使用，可在表中增设其中："定额人工费"。

表-08 分部分项工程和单价措施项目清单与计价表（五）

工程名称：某电气设备安装工程　　标段：　　第5页　共5页

序号	项目编码	项目名称	项目特征描述	计量单位	工程量	金额（元）		
						综合单价	合价	其中 暂估价
38	030412001003	普通灯具	1. 名称：半圆球吸顶灯 2. 规格：直径250mm	套	2	64.09	128.18	
39	030412001004	普通灯具	软线吊灯	套	2	9.18	18.36	
40	030412002001	工厂灯	圆球形工厂灯（吊管）	套	9	18.08	162.72	
41	030412004001	装饰灯	1. 名称：LED装饰灯 2. 规格：10mm×300cm	套	5	102.44	512.20	
42	030412004002	装饰灯	1. 名称：LED装饰灯 2. 规格：10mm×500cm	套	10	53.57	535.70	
43	030412005001	荧光灯	1. 名称：吊链式筒式荧光灯 2. 型号：YG2－1	套	10	47.10	471.00	
44	030412005002	荧光灯	1. 名称：吊链式筒式荧光灯 2. 型号：YG2－2	套	26	58.45	1519.70	
45	030412005003	荧光灯	1. 名称：吊链式荧光灯 2. 型号：YG16－3	套	4	66.26	265.04	
46	030412002001	工厂灯	1. 名称：隔爆型防爆安全灯 2. 安装形式：直杆式安装	套	114	43.35	4941.90	
47	030414011001	接地装置	送配电装置系统接地网	系统	1	714.24	714.24	
48	030414011002	接地装置	接地母线 40mm×4mm	m	700	19.43	13601.00	
49	030414011003	接地装置	接地母线 25mm×4mm	m	220	19.43	4274.60	
			本页小计				27144.64	—
			合　计				140077.02	42500.00

注：为计取规费等的使用，可在表中增设其中："定额人工费"。

6. 综合单价分析表

【填制说明】 编制招标控制价，综合单价分析表应填写使用的省级或行业建设主管部门发布的计价定额名称。

综合单价分析表一般随投标文件一同提交，作为已标价工程量清单的组成部分，以便中标后，作为合同文件的附属文件。一般而言，该分析表所载明的价格数据对投标人是有约束力的，但是投标人能否以此作为投标报价中的错报和漏报等的依据而寻求招标人的补偿是实践中值得注意的问题。

表-09 综合单价分析表（一）

工程名称：某电气设备安装工程　　标段：　　第1页　共2页

<table>
<tr><td>项目编码</td><td colspan="2">030404031009</td><td colspan="2">项目名称</td><td colspan="2">小电器</td><td>计量单位</td><td>个</td><td colspan="2">工程量</td><td>22</td></tr>
<tr><td colspan="12">清单综合单价组成明细</td></tr>
<tr><td rowspan="2">定额编号</td><td rowspan="2">定额项目名称</td><td rowspan="2">定额单位</td><td rowspan="2">数量</td><td colspan="4">单价</td><td colspan="4">合价</td></tr>
<tr><td>人工费</td><td>材料费</td><td>机械费</td><td>管理费和利润</td><td>人工费</td><td>材料费</td><td>机械费</td><td>管理费和利润</td></tr>
<tr><td>2-300</td><td>防爆按钮</td><td>个</td><td>1</td><td>11.89</td><td>15.08</td><td>0.41</td><td>19.74</td><td>11.89</td><td>15.08</td><td>0.41</td><td>19.74</td></tr>
<tr><td></td><td></td><td></td><td></td><td></td><td></td><td></td><td></td><td></td><td></td><td></td><td></td></tr>
<tr><td></td><td></td><td></td><td></td><td></td><td></td><td></td><td></td><td></td><td></td><td></td><td></td></tr>
<tr><td colspan="2">人工单价</td><td colspan="6">小计</td><td>11.89</td><td>15.08</td><td>0.41</td><td>19.74</td></tr>
<tr><td colspan="2">54元/工日</td><td colspan="6">未计价材料费</td><td colspan="4">—</td></tr>
<tr><td colspan="8">清单项目综合单价</td><td colspan="4">47.12</td></tr>
<tr><td rowspan="7">材料费明细</td><td colspan="4">主要材料名称、规格、型号</td><td>单位</td><td>数量</td><td>单价（元）</td><td>合价（元）</td><td>暂估单价（元）</td><td colspan="2">暂估合价（元）</td></tr>
<tr><td colspan="4">铜接线端子 D/T－6mm²</td><td>个</td><td>2.00</td><td>4.50</td><td>9.00</td><td></td><td colspan="2"></td></tr>
<tr><td colspan="4">裸铜线 6mm²</td><td>kg</td><td>0.02</td><td>29.59</td><td>0.59</td><td></td><td colspan="2"></td></tr>
<tr><td colspan="4">防爆按钮</td><td>个</td><td>1</td><td>5.49</td><td>5.49</td><td></td><td colspan="2"></td></tr>
<tr><td colspan="4"></td><td></td><td></td><td></td><td></td><td></td><td colspan="2"></td></tr>
<tr><td colspan="6">其他材料费</td><td>—</td><td></td><td>—</td><td colspan="2"></td></tr>
<tr><td colspan="6">材料费小计</td><td>—</td><td>15.08</td><td>—</td><td colspan="2"></td></tr>
</table>

注：1. 如不使用省级或行业建设主管部门发布的计价依据，可不填定额编号、名称等。

2. 招标文件提供了暂估单价的材料，按暂估的单价填入表内“暂估单价”栏及“暂估合价”栏。

表-09 综合单价分析表（二）

工程名称：某电气设备安装工程　　　　标段：　　　　第2页 共2页

项目编码	030412004001		项目名称		装饰灯		计量单位	个	工程量		5
清单综合单价组成明细											
定额编号	定额项目名称	定额单位	数量	单价				合价			
				人工费	材料费	机械费	管理费和利润	人工费	材料费	机械费	管理费和利润
2-1403	LED装饰灯	个	1	31.02	19.89	—	51.53	31.02	19.89	—	51.53
人工单价		小计						31.02	19.89	—	51.53
54元/工日		未计价材料费						—			
清单项目综合单价（元）								102.44			

材料费明细	主要材料名称、规格、型号	单位	数量	单价（元）	合价（元）	暂估单价（元）	暂估合价（元）
	成套灯具	套	1.01	14.91	15.06		
	塑料绝缘 BV－105℃－2.5mm²	m	0.610	1.08	0.66		
	花线 2×23/0.15	m	0.519	2.01	1.04		
	铜接线端子 20A	个	0.102	0.31	0.03		
	圆木台 150～250	块	0.105	9.13	0.96		
	圆钢 Φ5.5～Φ9	kg	0.208	2.86	0.59		
	瓷接头（双）	个	0.154	0.46	0.07		
	精制六角带帽螺栓带垫 M10×80～130	套	0.306	0.75	0.23		
	膨胀螺栓 M12	套	0.183	2.08	0.38		
	冲击钻头 Φ12	只	0.050	5.43	0.27		
	其他材料费			—	0.60	—	
	材料费小计			—	19.89	—	

注：1. 如不使用省级或行业建设主管部门发布的计价依据，可不填定额编号、名称等。

2. 招标文件提供了暂估单价的材料，按暂估的单价填入表内“暂估单价”栏及“暂估合价”栏。

7. 总价措施项目清单与计价表

【填制说明】 编制招标控制价时，总价措施项目清单与计价表的计费基础、费率应按省级或行业建设主管部门的规定记取。

表-11 总价措施项目清单与计价表

工程名称：某电气设备安装工程　　　　标段：　　　　第1页 共1页

序号	项目编码	项目名称	计算基础	费率（%）	金额（元）	调整费率（%）	调整后金额（元）	备注
1	031302001001	安全文明施工费	人工费	25	14570.63			
2	011705001001	大型机械设备进出场安拆			2000.00			
3	031302004001	二次搬运费	人工费	2	1165.65			
4	031302002001	夜间施工费	人工费	3	1748.48			
5	031301018001	接地装置调试费			2000.00			
合　计					21484.76			

编制人（造价人员）：　　　　复核人（造价工程师）：

注：1. “计算基础”中安全文明施工费可为“定额基价”、“定额人工费”或“定额人工费＋定额机械费”，其他项目可为“定额人工费”或“定额人工费＋定额机械费”。

2. 按施工方案计算的措施费，若无“计算基础”和“费率”的数值，也可只填“金额”数值，但应在备注栏说明施工方案出处或计算方法。

8. 其他项目清单与计价表

【填制说明】 编制招标工程量清单时，其他项目清单与计价汇总表应汇总“暂列金额”和“专业工程暂估价”，以提供给投标报价。

表-12 其他项目清单与计价汇总表

工程名称：某电气设备安装工程 标段： 第1页 共1页

序号	项目名称	金额（元）	结算金额（元）	备注
1	暂列金额	10000.00		明细详见表-12-1
2	暂估价	—		
2.1	材料（工程设备）暂估价	—		明细详见表-12-2
2.2	专业工程暂估价	3000.00		明细详见表-12-3
3	计日工	3168.50		明细详见表-12-4
4	总承包服务费	950.00		明细详见表-12-5
合计		17118.50		—

注：材料（工程设备）暂估单价进入清单项目综合单价，此处不汇总。

（1）暂列金额明细表

表-12-1 暂列金额明细表

工程名称：某电气设备安装工程　　　　标段：　　　　第1页　共1页

序号	项目名称	计量单位	暂列金额（元）	备注
1	政策性调整和材料价格风险	项	7500.00	
2	其他	项	2500.00	
	合　计		10000.00	—

注：此表由招标人填写，如不能详列，也可只列暂定金额总额，投标人应将上述暂列金额计入投标总价中。

（2）材料（工程设备）暂估单价及调整表

表-12-2 材料（工程设备）暂估单价及调整表

工程名称：某电气设备安装工程　　　　标段：　　　　第1页　共1页

序号	材料（工程设备）名称、规格、型号	计量单位	数量		暂估（元）		确认（元）		差额±（元）		备注
			暂估	确认	单价	合价	单价	合价	单价	合价	
1	SL_1—1000kV油浸式电力变压器	台	1		5000	5000					
2	（其他略）										
	合　计					5000					

注：此表由招标人填写“暂估单价”，并在备注栏说明暂估价的材料、工程设备拟用在哪些清单项目上，投标人应将上述材料、工程设备暂估单价计入工程量清单综合单价报价中。

(3) 专业工程暂估价表

表-12-3 专业工程暂估价表

工程名称：某电气设备安装工程　　标段：　　第1页 共1页

序号	工程名称	工程内容	暂估金额（元）	结算金额（元）	差额±（元）	备注
1	消防工程	合同图纸中标明的以及消防工程规范和技术说明中规定的各系统中的设备等的供应、安装和调试工作	3000.00			
合计			3000.00			

注：此表“暂估金额”由招标人填写，投标人应将“暂估金额”计入投标总价中。

(4) 计日工表

表-12-4 计日工表

工程名称：某电气设备安装工程　　标段：　　第1页 共1页

编号	项目名称	单位	暂定数量	实际数量	综合单价（元）	合价（元）	
						暂定	实际
一	人工						
1	高级技术工人	工时	10		150.00	1500.00	
2	技术工人	工时	12		120.00	1440.00	
	人工小计					2940.00	
二	材料						
1	电焊条结422	kg	3.00		5.50	16.50	
2	型材	kg	10.00		4.70	47.00	
	材料小计					63.50	
三	施工机械						
1	直流电焊机20kW	台班	3		35.00	105.00	
2	交流电焊机1kV·A	台班	2		30.00	60.00	
	施工机械小计					165.00	
	四、企业管理费和利润						
	合　计					3168.50	

注：此表项目名称、暂定数量由招标人填写，编制招标控制价时，单价由招标人按有关计价规定确定；投标时，单价由投标人自主报价，按暂定数量计算合价计入投标总价中。结算时，按承包双方确认的实际数量计算。

(5) 总承包服务费计价表

【填制说明】 编制招标控制价的“总承包服务费计价表”时，招标人应按有关计价规定计价。

表-12-5 总承包服务费计价表

工程名称：某电气设备安装工程　　标段：　　第1页 共1页

序号	项目名称	项目价值（元）	服务内容	计算基础	费率（%）	金额（元）
1	发包人发包专业工程	10000	1. 按专业工程承包人的要求提供施工工作面并对施工现场进行统一整理汇总 2. 为专业工程承包人提供垂直运输机械和焊接电源接入点，并承担垂直运输费和电费	项目价值	5	500.00
2	发包人供应材料	45000	对发包人供应的材料进行验收及保管和使用发放	项目价值	1	450.00
	合　计	—	—		—	950.00

注：此表项目名称、服务内容有招标人填写，编制招标控制价时，费率及金额由招标人按有关计价规定确定；投标时，费率及金额由投标人自主报价，计入投标总价中。

9. 规费、税金项目计价表

表-13 规费、税金项目计价表

工程名称：某电气设备安装工程　　　标段：　　　　　第1页　共1页

序号	项目名称	计算基础	计算基数	计算费率（%）	金额（元）
1	规费				13987.80
1.1	社会保险费				6993.90
(1)	养老保险费	定额人工费	(1)＋(2)＋(3)＋(4)	3.5	2039.89
(2)	失业保险费	定额人工费		2	1165.65
(3)	医疗保险费	定额人工费		6	3496.95
(4)	工伤保险费	定额人工费		0.5	291.41
1.2	住房公积金	定额人工费		6	3496.95
1.3	工程定额测定费	税前工程造价		0.14	250.15
2	税金	分部分项工程费＋措施项目费＋其他项目费＋规费－按规定不计税的工程设备金额		3.413	6575.76
合　计					20563.56

编制人（造价人员）：　　　　　　复核人（造价工程师）：

10. 主要材料、工程设备一览表

(1) 发包人提供材料和工程设备一览表

表-20 发包人提供材料和工程设备一览表

工程名称：某电气设备安装工程　　标段：　　第1页 共1页

序号	材料（工程设备）名称、规格、型号	单位	数量	单价（元）	交货方式	送达地点	备注
1	槽钢	kg	1000	3.10		工地仓库	
2	成套配电箱（落地式）	台	1	7600.00		工地仓库	
3	钢筋（规格见施工图）	t	2	4000.00		工地仓库	
	(其他略)						

注：此表由招标人填写，供投标人在投标报价、确定总承包服务费时参考。

(2) 发包人在招标文件中提供的承包人提供主要材料和工程设备一览表（适用于造价信息差额调整法）

表-21 承包人提供主要材料和工程设备一览表

（适用于造价信息差额调整法）

工程名称：某电气设备安装工程　　标段：　　第1页 共1页

序号	名称、规格、型号	单位	数量	风险系数（%）	基准单价（元）	投标单价（元）	发承包人确认单价（元）	备注
1	槽钢	kg	1000	≤5	3.10			
2	成套配电箱（落地式）	台	1	≤5	7600.00			
	(其他略)							

注：1. 此表由招标人填写除“投标单价”栏的内容，投标人在投标时自主确定投标单价。

2. 投标人应优先采用工程造价管理机构发布的单价作为基准单价，未发布的，通过市场调查确定其基准单价。

（3）发包人在招标文件中提供的承包人提供主要材料和工程设备一览表（适用于价格指数差额调整法）

表-22 承包人提供主要材料和工程设备一览表

（适用于价格指数差额调整法）

工程名称：某电气设备安装工程　　　　标段：　　　　第1页　共1页

序号	名称、规格、型号	变值权重 B	基本价格指数 F_0	现行价格指数 F_t	备注
1	人工		110%		
2	槽钢		3100元/t		
3	机械费		280元/m^3		
4	（其他略）		100%		
	定值权重 A		—	—	
合　计		1	—	—	

注：1. “名称、规格、型号”、“基本价格指数”栏由招标人填写，基本价格指数应首先采用工程造价管理机构发布的价格指数，没有时，可采用发布的价格代替。如人工、机械费也采用本法调整由招标人在“名称”栏填写。

2. “变值权重”栏由投标人根据该项人工、机械费和材料、工程设备值在投标总报价中所占的比例填写，1减去其比例为定值权重。

3. “现行价格指数”按约定的付款证书相关周期最后一天的前42天的各项价格指数填写，该指数应首先采用工程造价管理机构发布的价格指数，没有时，可采用发布的价格代替。

4.3 电气工程投标报价编制实例

现以某电气设备安装工程为例，介绍投标报价编制（由委托工程造价咨询人编制）。

1. 封面

【填制说明】 投标总价封面的应填写投标工程的具体名称，投标人应盖单位公章。

封-3 投标总价封面

某电气设备安装 工程

投 标 总 价

投 标 人：××电气安装公司

（单位盖章）

××年×月×日

2. 扉页

【填制说明】 投标人编制投标报价时，投标总价扉页由投标人单位注册的造价人员编制，投标人盖单位公章，法定代表人或其授权人签字或盖章，编制的造价人员（造价工程师或造价员）签字盖执业专用章。

扉-3 投标总价扉页

投 标 总 价

招 标 人：××电气工程局

工 程 名 称：某电气设备安装工程

投标总价（小写）：185873.83元

（大写）：拾捌万伍仟捌佰柒拾叁元捌角叁分

投 标 人：××电气安装公司
（单位盖章）

法定代表人
或其授权人：×××
（签字或盖章）

编 制 人：×××
（造价人员签字盖专用章）

编制时间：××年×月×日

3. 总说明

【填制说明】 编制投标报价的总说明内容应包括：

1）采用的计价依据。

2）采用的施工组织设计。

3）综合单价中风险因素、风险范围（幅度）。

4）措施项目的依据。

5）其他有关内容的说明等。

表-01 总 说 明

工程名称：某电气设备安装工程　　　　第1页　共1页

1. 编制依据：

1.1 建设方提供的工程施工图、《××电气设备安装工程投标邀请书》、《投标须知》、《××电气设备安装工程招标答疑》等一系列招标文件。

1.2 ××市建设工程造价管理站××××年第×期发布的材料价格，并参照市场价格。

2. 报价需要说明的问题：

2.1 该工程因无特殊要求，故采用一般施工方法。

2.2 因考虑到市场材料价格近期波动不大，故主要材料价格在××市建设工程造价管理站××××年第×期发布的材料价格基础上下浮3%。

2.3 综合公司经济现状及竞争力，公司所报费率如下：（略）

2.4 税金按3.413%计取。

4. 投标控制价汇总表

【填制说明】 与招标控制价的表样一致，此处需要说明的是，投标报价汇总表与投标函中投标报价金额应当一致。就投标文件的各个组成部分而言，投标函是最重要的文件，其他组成部分都是投标函的支持性文件，投标函是必须经过投标人签字盖章，并且在开标会上必须当众宣读的文件。如果投标报价汇总表的投标总价与投标函填报的投标总价不一致，应当以投标函中填写的大写金额为准。实践中，对该原则一直缺少一个明确的依据，为了避免出现争议，可以在“投标人须知”中给予明确，用在招标文件中预先给予明示约定的方式来弥补法律法规依据的不足。

表-02 建设项目投标控制价汇总表

工程名称：某电气设备安装工程　　　　第1页　共1页

序号	单项工程名称	金额（元）	其中：（元）		
			暂估价	安全文明施工费	规费
1	某电气设备安装工程	185873.83	42500.00	16937.27	12429.06
合　计		185873.83	42500.00	16937.27	12429.06

注：本表适用于建设项目招标控制价或投标报价的汇总。

表-03　单项工程投标控制价汇总表

工程名称：某电气设备安装工程　　　　　　　　　　　　　　　　第1页　共1页

序号	单位工程名称	金额（元）	其中：（元）		
			暂估价	安全文明施工费	规费
1	某电气设备安装工程	185873.83	42500.00	16937.27	12429.06
	合　计	185873.83	42500.00	16937.27	12429.06

注：本表适用于单项工程招标控制价或投标报价的汇总。暂估价包括分部分项工程中的暂估价和专业工程暂估价。

表-04　单位工程投标控制价汇总表

工程名称：某电气设备安装工程　　　　　　　　　　　　　　　　第1页　共1页

序号	汇总内容	金额（元）	其中：暂估价（元）
1	分部分项工程	125767.05	42500.00
	0304　电气设备安装工程	125767.05	42500.00
2	措施项目	24424.72	—
2.1	其中：安全文明施工费	16937.27	—
3	其他项目	17118.50	—
3.1	其中：暂列金额	10000.00	—
3.2	其中：专业工程暂估价	3000.00	—
3.3	其中：计日工	3420.00	—
3.4	其中：总承包服务费	950.00	—
4	规费	12429.06	—
5	税金	6134.50	—
投标报价合计=1+2+3+4+5		185873.83	42500.00

注：本表适用于单位工程投标报价的汇总，单项工程也使用本表汇总。

5. 分部分项工程和单价措施项目清单与计价表

【填制说明】 编制投标报价时，招标人对分部分项工程和单价措施项目清单与计价表中的“项目编码”、“项目名称”、“项目特征”、“计量单位”、“工程量”均不应作改动。“综合单价”、“合价”自主决定填写，对其中的“暂估价”栏，投标人应将招标文件中提供了暂估材料单价的暂估价进入综合单价，并应计算出暂估单价的材料在“综合单价”及其“合价”中的具体数额，因此，为更详细反应暂估价情况，也可在表中增设一栏“综合单价”其中的“暂估价”。

表-08　分部分项工程和单价措施项目清单与计价表（一）

工程名称：某电气设备安装工程　　　标段：　　　第1页　共5页

序号	项目编码	项目名称	项目特征描述	计量单位	工程量	金额（元）		
						综合单价	合价	其中 暂估价
			0304　电气设备安装工程					
1	030401001001	油浸电力变压器	1. 名称：油浸式电力变压器安装 2. 型号：SL1 3. 容量：1000kV·A 4. 电压：10kV	台	1	8120.00	8120.00	5000.00
2	030401001002	油浸电力变压器	1. 名称：油浸式电力变压器安装 2. 型号：SL1 3. 容量：500kV·A 4. 电压：10kV	台	1	2846.23	2846.23	1000.00
3	030401002001	干式变压器	干式电力变压器安装	台	2	2108.24	4216.48	2500.00
4	030404004001	低压开关柜（屏）	1. 名称：低压配电盘 2. 基础型钢形式、规格：基础槽钢10# 3. 手工除锈 4. 红丹防锈漆两遍	块	11	500.33	5503.63	
5	030404017001	配电箱	1. 名称：总照明配电箱 2. 型号：OAP/XL－21	台	1	3200.00	3200.00	
6	030404017002	配电箱	1. 名称：总照明配电箱 2. 型号：1AL/kV4224/3	台	2	700.88	1401.76	
			本页小计				25288.10	8500.00
			合　计				25288.10	8500.00

注：为计取规费等的使用，可在表中增设其中：“定额人工费”。

表-08 分部分项工程和单价措施项目清单与计价表（二）

工程名称：某电气设备安装工程　　　　标段：　　　　第2页　共5页

序号	项目编码	项目名称	项目特征描述	计量单位	工程量	金额（元）		
						综合单价	合价	其中 暂估价
7	030404017003	配电箱	1. 名称：总照明配电箱 2. 型号：2AL/kV4224/4	台	1	700.00	700.00	
8	030404031001	小电器	1. 名称：板式暗开关 2. 接线形式：单控双联	套	4	8.50	34.00	
9	030404031002	小电器	1. 名称：板式暗开关 2. 接线形式：单控单联	套	7	16.98	118.86	
10	030404031003	小电器	1. 名称：板式暗开关 2. 接线形式：单控三联	套	8	12.22	97.76	
11	030404031004	小电器	1. 名称：声控节能开关 2. 接线形式：单控单联	套	4	7.88	31.52	
12	030404031005	小电器	1. 名称：单相暗插座 2. 规格：15A，5孔	套	33	12.88	425.04	
13	030404031006	小电器	1. 名称：单相暗插座 2. 规格：15A，3孔	套	8	18.21	145.68	
14	030404031007	小电器	1. 名称：三相暗插座 2. 规格：15A，4孔	套	5	36.40	182.00	
15	030404031008	小电器	1. 名称：防爆带表按钮 2. 规格：2A53－2A	台	6	137.59	825.54	
16	030404031009	小电器	防爆按钮	个	22	47.42	1043.24	
17	030404031010	小电器	1. 名称：单相暗插座 2. 规格：20A，5孔	套	33	15.00	495.00	
本页小计							4098.64	—
合　计							29386.74	8500.00

注：为计取规费等的使用，可在表中增设其中："定额人工费"。

表-08 分部分项工程和单价措施项目清单与计价表（三）

工程名称：某电气设备安装工程　　　　标段：　　　　第3页 共5页

序号	项目编码	项目名称	项目特征描述	计量单位	工程量	金额（元）		
						综合单价	合价	其中 暂估价
18	030406005001	普通交流同步电动机	1. 防爆电机检查接线 2. 3kW	台	1	525.00	525.00	
19	030406005002	普通交流同步电动机	1. 防爆电机检查接线 2. 13kW	台	6	830.00	4980.00	
20	030406005003	普通交流同步电动机	1. 防爆电机检查接线 2. 30kW	台	6	1100.42	6602.52	
21	030406005004	普通交流同步电动机	1. 防爆电机检查接线 2. 55kW	台	3	1650.00	4950.00	
22	030408001001	电力电缆	敷设35mm²以内热缩铜芯电力电缆头	km	3.28	7524.54	24680.49	15000.00
23	030408001002	电力电缆	敷设120mm²以内热缩铜芯电力电缆头	km	0.34	17462.98	5937.41	4000.00
24	030408001003	电力电缆	敷设240mm²以内热缩铜芯电力电缆头	km	0.37	24222.41	8962.29	6000.00
25	030408002001	控制电缆	敷设6芯以内控制电缆	km	2.76	4006.31	11057.42	8000.00
26	030408002002	控制电缆	敷设14芯以内控制电缆	km	0.21	9235.85	1939.53	1000.00
本页小计							69634.66	34000.00
合　计							99021.40	34500.00

注：为计取规费等的使用，可在表中增设其中："定额人工费"。

表-08 分部分项工程和单价措施项目清单与计价表（四）

工程名称：某电气设备安装工程　　标段：　　第4页 共5页

序号	项目编码	项目名称	项目特征描述	计量单位	工程量	金额（元）		
						综合单价	合价	其中 暂估价
27	030411001001	配管	1. 名称：钢管配管 2. 规格：*DN*50	m	7.3	30.00	219.00	
28	030411001002	配管	1. 名称：硬质阻燃管 2. 规格：*DN*25	m	227.6	7.50	1707.00	
29	030411001003	配管	1. 名称：硬质阻燃管 2. 规格：*DN*15	m	211.7	5.00	1058.50	
30	030411001004	配管	1. 名称：硬质阻燃管 2. 规格：*DN*20	m	61.5	6.00	369.00	
31	030411004001	配线	1. 名称：电缆 2. 规格：五芯	m	7.3	165.75	1209.98	
32	030411004002	配线	1. 名称：铜芯线 2. 规格：6mm	m	111.6	2.66	296.86	
33	030411004003	配线	1. 名称：铜芯线 2. 规格：7mm	m	746.5	2.88	2149.92	
34	030411004004	配线	1. 名称：铜芯线 2. 规格：8mm	m	116.4	1.78	207.19	
35	030411004005	配线	1. 名称：铜芯线 2. 规格：9mm	m	476.00	1.51	718.76	
36	030412001001	普通灯具	单管吸顶灯	套	10	58.57	585.70	
37	030412001002	普通灯具	1. 名称：半圆球吸顶灯 2. 规格：直径300mm	套	15	62.00	930.00	
本页小计							9451.91	—
合　计							99021.40	42500.00

注：为计取规费等的使用，可在表中增设其中："定额人工费"。

表-08　分部分项工程和单价措施项目清单与计价表（五）

工程名称：某电气设备安装工程　　标段：　　第5页　共5页

序号	项目编码	项目名称	项目特征描述	计量单位	工程量	金额（元）		
						综合单价	合价	其中 暂估价
38	030412001003	普通灯具	1. 名称：半圆球吸顶灯 2. 规格：直径250mm	套	2	63.88	127.76	
39	030412001004	普通灯具	软线吊灯	套	2	9.00	18.00	
40	030412002001	工厂灯	圆球形工厂灯（吊管）	套	9	18.99	170.91	
41	030412004001	装饰灯	1. 名称：LED装饰灯 2. 规格：10mm×300cm	套	5	100.88	504.40	
42	030412004002	装饰灯	1. 名称：LED装饰灯 2. 规格：10mm×500cm	套	10	53.57	535.70	
43	030412005001	荧光灯	1. 名称：吊链式筒式荧光灯 2. 型号：YG2－1	套	10	46.10	461.00	
44	030412005002	荧光灯	1. 名称：吊链式筒式荧光灯 2. 型号：YG2－2	套	26	55.88	1452.88	
45	030412005003	荧光灯	1. 名称：吊链式荧光灯 2. 型号：YG16－3	套	4	65.43	261.72	
46	030412002001	工厂灯	1. 名称：隔爆型防爆安全灯 2. 安装形式：直杆式安装	套	114	42.66	4863.24	
47	030414011001	接地装置	送配电装置系统接地网	系统	1	714.24	714.24	
48	030414011002	接地装置	接地母线40mm×4mm	m	700	19.43	13601.00	
49	030414011003	接地装置	接地母线25mm×4mm	m	220	18.34	4034.80	
本页小计							26745.65	—
合　计							125767.05	42500.00

注：为计取规费等的使用，可在表中增设其中："定额人工费"。

6. 综合单价分析表

【填制说明】 编制投标报价时，综合单价分析表应填写使用的企业定额名称，也可填写使用的省级或行业建设主管部门发布的计价定额，如不使用则不填写。

表-09 综合单价分析表（一）

工程名称：某电气设备安装工程　　　　标段：　　　　第1页　共2页

<table>
<tr><td>项目编码</td><td colspan="2">030404031009</td><td>项目名称</td><td colspan="2">小电器</td><td colspan="2">计量单位</td><td>套</td><td colspan="2">工程量</td><td>22</td></tr>
<tr><td colspan="12">清单综合单价组成明细</td></tr>
<tr><td rowspan="2">定额编号</td><td rowspan="2">定额项目名称</td><td rowspan="2">定额单位</td><td rowspan="2">数量</td><td colspan="4">单价（元）</td><td colspan="4">合价（元）</td></tr>
<tr><td>人工费</td><td>材料费</td><td>机械费</td><td>管理费和利润</td><td>人工费</td><td>材料费</td><td>机械费</td><td>管理费和利润</td></tr>
<tr><td>2-300</td><td>防爆按钮</td><td>个</td><td>1</td><td>10.22</td><td>17.02</td><td>0.42</td><td>19.76</td><td>10.22</td><td>17.02</td><td>0.42</td><td>19.76</td></tr>
<tr><td></td><td></td><td></td><td></td><td></td><td></td><td></td><td></td><td></td><td></td><td></td><td></td></tr>
<tr><td></td><td></td><td></td><td></td><td></td><td></td><td></td><td></td><td></td><td></td><td></td><td></td></tr>
<tr><td colspan="2">人工单价</td><td colspan="6">小　计</td><td>10.22</td><td>17.02</td><td>0.42</td><td>19.76</td></tr>
<tr><td colspan="2">54元/工日</td><td colspan="6">未计价材料费</td><td colspan="4">—</td></tr>
<tr><td colspan="8">清单项目综合单价</td><td colspan="4">47.42</td></tr>
<tr><td rowspan="8">材料费明细</td><td colspan="3">主要材料名称、规格、型号</td><td colspan="2">单位</td><td colspan="2">数量</td><td>单价（元）</td><td>合价（元）</td><td>暂估单价（元）</td><td>暂估合价（元）</td></tr>
<tr><td colspan="3">铜接线端子 D/T－6mm²</td><td colspan="2">个</td><td colspan="2">2.030</td><td>5.20</td><td>10.56</td><td></td><td></td></tr>
<tr><td colspan="3">裸铜线 6mm²</td><td colspan="2">kg</td><td colspan="2">0.020</td><td>28.00</td><td>0.56</td><td></td><td></td></tr>
<tr><td colspan="3">防爆按钮</td><td colspan="2">个</td><td colspan="2">1.000</td><td>5.86</td><td>5.86</td><td></td><td></td></tr>
<tr><td colspan="3"></td><td colspan="2"></td><td colspan="2"></td><td></td><td></td><td></td><td></td></tr>
<tr><td colspan="3"></td><td colspan="2"></td><td colspan="2"></td><td></td><td></td><td></td><td></td></tr>
<tr><td colspan="7">其他材料费</td><td>—</td><td>0.04</td><td>—</td><td></td></tr>
<tr><td colspan="7">材料费小计</td><td>—</td><td>17.02</td><td>—</td><td></td></tr>
</table>

注：1. 如不使用省级或行业建设主管部门发布的计价依据，可不填定额编号、名称等。

2. 招标文件提供了暂估单价的材料，按暂估的单价填入表内“暂估单价”栏及“暂估合价”栏。

表-09 综合单价分析表（二）

工程名称：某电气设备安装工程 标段： 第2页 共2页

项目编码	030412004001	项目名称	装饰灯	计量单位	个	工程量	5				
清单综合单价组成明细											
定额编号	定额项目名称	定额单位	数量	单价（元）				合价（元）			
				人工费	材料费	机械费	管理费和利润	人工费	材料费	机械费	管理费和利润
2-1403	LED装饰灯	个	1	29.98	19.89	—	51.01	29.98	19.89	—	51.01
人工单价		小计						29.98	19.89	—	51.01
54元/工日		未计价材料费						—			
清单项目综合单价（元）								100.88			

	主要材料名称、规格、型号	单位	数量	单价（元）	合价（元）	暂估单价（元）	暂估合价（元）
材料费明细	成套灯具	套	1.01	14.91	15.06		
	塑料绝缘 BV—105℃—2.5mm²	m	0.610	1.08	0.66		
	花线 2×23/0.15	m	0.519	2.01	1.04		
	铜接线端子 20A	个	0.102	0.31	0.03		
	圆木台 150～250	块	0.105	9.13	0.96		
	圆钢 φ5.5～Φ9	kg	0.208	2.86	0.59		
	瓷接头（双）	个	0.154	0.46	0.07		
	精制六角带帽螺栓带垫 M10×80～130	套	0.306	0.75	0.23		
	膨胀螺栓 M12	套	0.183	2.08	0.38		
	冲击钻头 Φ12	只	0.050	5.43	0.27		
	其他材料费			—	0.60	—	
	材料费小计			—	19.89	—	

注：1. 如不使用省级或行业建设主管部门发布的计价依据，可不填定额编号、名称等。

2. 招标文件提供了暂估单价的材料，按暂估的单价填入表内“暂估单价”栏及“暂估合价”栏。

（其他分部分项工程综合单价分析表略）

7. 总价措施项目清单与计价表

【填制说明】 编制投标报价时，总价措施项目清单与计价表中除“安全文明施工费”必须按《建设工程工程量清单计价规范》GB 50500—2013 的强制性规定，按省级或行业建设主管部门的规定记取外，其他措施项目均可根据投标施工组织设计自主报价。

表-11 总价措施项目清单与计价表

工程名称：某电气设备安装工程　　标段：　　第 1 页　共 1 页

序号	项目编码	项目名称	计算基础	费率（%）	金额（元）	调整费率（%）	调整后金额（元）	备注
1	031302001001	安全文明施工费	人工费	25	16937.27			
2	011705001001	大型机械设备进出场安拆			2100.00			
3	031302004001	二次搬运费	人工费	2	1354.98			
4	031302002001	夜间施工费	人工费	3	2032.47			
5	031301018001	接地装置调试费			2000.00			
		合　计			24424.72			

编制人（造价人员）：　　　　复核人（造价工程师）：

注：1. “计算基础”中安全文明施工费可为“定额基价”、“定额人工费”或“定额人工费＋定额机械费”，其他项目可为“定额人工费”或“定额人工费＋定额机械费”。

2. 按施工方案计算的措施费，若无“计算基础”和“费率”的数值，也可只填“金额”数值，但应在备注栏说明施工方案出处或计算方法。

8. 其他项目清单与计价汇总表

【填制说明】 编制投标报价时，其他项目清单与计价汇总表应按招标工程量清单提供的“暂估金额”和“专业工程暂估价”填写金额，不得变动。“计日工”、“总承包服务费”自主确定报价。

表-12 其他项目清单与计价汇总表

工程名称：某电气设备安装工程　　标段：　　第 1 页　共 1 页

序号	项目名称	金额（元）	结算金额（元）	备注
1	暂列金额	10000.00		明细详见表-12-1
2	暂估价	—		
2.1	材料（工程设备）暂估价	—		明细详见表-12-2
2.2	专业工程暂估价	3000.00		明细详见表-12-3
3	计日工	3168.50		明细详见表-12-4
4	总承包服务费	950.00		明细详见表-12-5
	合　计	17118.50		—

注：材料（工程设备）暂估单价进入清单项目综合单价，此处不汇总。

（1）暂列金额及拟用项目

表-12-1 暂列金额明细表

工程名称：某电气设备安装工程　　标段：　　第 1 页　共 1 页

序号	项目名称	计量单位	暂列金额（元）	备注
1	政策性调整和材料价格风险	项	7500.00	
2	其他	项	2500.00	
	合　计		10000.00	—

注：此表由招标人填写，如不能详列，也可只列暂定金额总额，投标人应将上述暂列金额计入投标总价中。

（2）材料（工程设备）暂估单价及调整表

表-12-2 材料（工程设备）暂估单价及调整表

工程名称：某电气设备安装工程　　标段：　　第1页　共1页

序号	材料（工程设备）名称、规格、型号	计量单位	数量		暂估（元）		确认（元）		差额±（元）		备注
			暂估	确认	单价	合价	单价	合价	单价	合价	
1	SL1－1000kV·A/10kV油浸式电力变压器	台	1		5000	5000					
2	（其他略）										
合计						5000					

注：此表由招标人填写“暂估单价”，并在备注栏说明暂估价的材料、工程设备拟用在哪些清单项目上，投标人应将上述材料，工程设备暂估单价计入工程量清单综合单价报价中。

（3）专业工程暂估价表

表-12-3 专业工程暂估价表

工程名称：某电气设备安装工程　　标段：　　第1页　共1页

序号	工程名称	工程内容	暂估金额（元）	结算金额（元）	差额±（元）	备注
1	消防工程	合同图纸中标明的以及消防工程规范和技术说明中规定的各系统中的设备等的供应、安装和调试工作	3000.00			
合计			3000.00			

注：此表“暂估金额”由招标人填写，投标人应将“暂估金额”计入投标总价中。

(4) 计日工表

表-12-4 计日工表

工程名称：某电气设备安装工程 标段： 第1页 共1页

编号	项目名称	单位	暂定数量	实际数量	综合单价（元）	合价（元）	
						暂定	实际
一	人工						
1	高级技工技术	工时	10		160.00	1600.00	
2	技术工人	工时	12		130.00	1560.00	
人工小计						3160.00	
二	材料						
1	电焊条结422	kg	3.00		5.00	15.00	
2	型材	kg	10.00		4.50	45.00	
材料小计						60.00	
三	施工机械						
1	直流电焊机20kW	台班	3		40.00	120.00	
2	交流电焊机1kV·A	台班	2		40.00	80.00	
施工机械小计						200.00	
四、企业管理费和利润							
合　　计						3420.00	

注：此表项目名称、暂定数量由招标人填写，编制招标控制价时，单价由招标人按有关计价规定确定；投标时，单价由投标人自主报价，按暂定数量计算合价计入投标总价中。结算时，按承包双方确认的实际数量计算。

(5) 总承包服务费计价表

编制投标报价时，由投标人根据工程量清单中的总承包服务内容，自主决定报价。

表-12-5 总承包服务费计价表

工程名称：某电气设备安装工程　　标段：　　第1页　共1页

序号	项目名称	项目价值（元）	服务内容	计算基础	费率（%）	金额（元）
1	发包人发包专业工程	10000	1. 按专业工程承包人的要求提供施工工作面并对施工现场进行统一整理汇总 2. 为专业工程承包人提供垂直运输机械和焊接电源接入点，并承担垂直运输费和电费	项目价值	5	500.00
2	发包人供应材料	45000	对发包人供应的材料进行验收及保管和使用发放	项目价值	1	450.00
合计		—	—		—	950.00

注：此表项目名称、服务内容有招标人填写，编制招标控制价时，费率及金额由招标人按有关计价规定确定；投标时，费率及金额由投标人自主报价，计入投标总价中。

9. 规费、税金项目计价表

表-13 规费、税金项目计价表

工程名称：某电气设备安装工程　　　　标段：　　　　第1页　共1页

序号	项目名称	计算基础	计算基数	计算费率（%）	金额（元）
1	规费				12429.06
1.1	社会保险费		(1)＋(2)＋(3)＋(4)		8129.89
(1)	养老保险费	定额人工费		3.5	2371.22
(2)	失业保险费	定额人工费		2	1354.98
(3)	医疗保险费	定额人工费		6	4064.94
(4)	工伤保险费	定额人工费		0.5	338.75
1.2	住房公积金	定额人工费		6	4064.94
1.3	工程定额测定费	税前工程造价		0.14	234.23
2	税金	分部分项工程费＋措施项目费＋其他项目费＋规费-按规定不计税的工程设备金额		3.413	6134.50
合计					18563.56

编制人（造价人员）：　　　　复核人（造价工程师）：

10. 总价项目进度款支付分解表

表-16 总价项目进度款支付分解表

工程名称：某电气设备安装工程　　　　　　标段：　　　　　　　　　　　　第1页　共1页

序号	项目名称	总价金额	首次支付	二次支付	三次支付	四次支付	五次支付	
1	安全文明施工费	16937.27	5081.18	5081.18	3387.45	3387.46		
2	夜间施工增加费	2032.47	406.49	406.49	406.49	406.49	406.51	
3	二次搬运费	1354.98	270.99	270.99	270.9	270.99	271.02	
	（略）							
	社会保险费	8129.89	1625.97	1625.97	1625.97	1625.97	1626.01	
	住房公积金	4064.94	812.98	812.98	812.98	812.98	813.02	
	合　计							

编制人（造价人员）：　　　　　　　　　　　　　　　　　复核人（造价工程师）：

注：1. 本表应由承包人在投标报价时根据发包人在招标文件明确的进度款支付周期与报价填写，签订合同时，发承包双方可就支付分解协商调整后作为合同附件。

2. 单价合同使用本表，“支付”栏时间应与单价项目进度款支付周期相同。

3. 总价合同使用本表，“支付”栏时间应与约定的工程计量周期相同。

11. 主要材料、工程设备一览表

(1) 发包人提供材料和工程设备一览表

表-20　发包人提供材料和工程设备一览表

工程名称：某电气设备安装工程　　　　标段：　　　　第1页　共1页

序号	材料（工程设备）名称、规格、型号	单位	数量	单价（元）	交货方式	送达地点	备注
1	槽钢	kg	1000	3.10		工地仓库	
2	成套配电箱（落地式）	台	1	7600.00		工地仓库	
3	钢筋（规格见施工图）	t	2	4000.00		工地仓库	
	（其他略）						

注：此表由招标人填写，供投标人在投标报价、确定总承包服务费时参考。

(2) 承包人在投标报价中按发包人要求填写的承包人提供主要材料和工程设备一览表（适用于造价信息差额调整法）

表-21　承包人提供主要材料和工程设备一览表

（适用于造价信息差额调整法）

工程名称：某电气设备安装工程　　　　标段：　　　　第1页　共1页

序号	名称、规格、型号	单位	数量	风险系数（%）	基准单价（元）	投标单价（元）	发承包人确认单价（元）	备注
1	槽钢	kg	1000	≤5	3.10	3.00		
2	成套配电箱（落地式）	台	1	≤5	7600.00	7500.00		
	（其他略）							

注：1. 此表由招标人填写除“投标单价”栏的内容，投标人在投标时自主确定投标单价。

2. 投标人应优先采用工程造价管理机构发布的单价作为基准单价，未发布的，通过市场调查确定其基准单价。

(3) 承包人在投标报价中，按发包人要求填写的承包人提供主要材料和工程设备一览表（适用于价格指数差额调整法）

表-22 承包人提供主要材料和工程设备一览表

（适用于价格指数差额调整法）

工程名称：某电气设备安装工程　　　　标段：　　　　第1页 共1页

序号	名称、规格、型号	变值权重 B	基本价格指数 F_0	现行价格指数 F_t	备注
1	人工	0.18	110%		
2	槽钢	0.11	3100元/t		
3	机械费	8	100%		
4	（其他略）				
	定值权重 A		—	—	
合　计		1	—	—	

注：1. “名称、规格、型号”、“基本价格指数”栏由招标人填写，基本价格指数应首先采用工程造价管理机构发布的价格指数，没有时，可采用发布的价格代替。如人工、机械费也采用本法调整由招标人在“名称”栏填写。

2. “变值权重”栏由投标人根据该项人工、机械费和材料、工程设备值在投标总报价中所占的比例填写，1减去其比例为定值权重。

3. “现行价格指数”按约定的付款证书相关周期最后一天的前42天的各项价格指数填写，该指数应首先采用工程造价管理机构发布的价格指数，没有时，可采用发布的价格代替。

4.4 电气工程竣工结算编制实例

现以某电气设备安装工程为例，介绍工程竣工结算编制（发包人核对）。

1. 封面

【填制说明】 竣工结算书封面应填写竣工工程的具体名称，发承包双方应盖其单位公章，如委托工程造价咨询人办理的，还应加盖其单位公章。

封-4 竣工结算书封面

某电气设备安装 工程

竣工结算书

发 包 人：××电气工程局
（单位盖章）

承 包 人：××电气安装公司
（单位盖章）

造价咨询人：××工程造价咨询公司
（单位盖章）

××年×月×日

2. 扉页

【填制说明】

1）承包人自行编制竣工结算总价，竣工结算总价扉页由承包人单位注册的造价人员编制，承包人盖单位公章，法定代表人或其授权人签字或盖章，编制的造价人员（造价工程师或造价员）在编制人栏签字盖执业专用章。

发包人自行核对竣工结算时，由发包人单位注册的造价工程师核对，发包人盖单位公章，法定代表人或其授权人签字或盖章，造价工程师在核对人栏签字盖执业专用章。

2）发包人委托工程造价咨询人核对竣工结算时，竣工结算总价扉页由工程造价咨询人单位注册的造价工程师核对，发包人盖单位公章，法定代表人或其授权人签字或盖章；工程造价咨询人盖单位资质专用章，法定代表人或其授权人签字或盖章，造价工程师在核对人栏签字盖执业专用章。

除非出现发包人拒绝或不答复承包人竣工结算书的特殊情况，竣工结算办理完毕后，竣工结算总价封面发承包双方的签字、盖章应当齐全。

扉-4　竣工结算书扉页

某电气设备安装　工程

竣工结算总价

签约合同价（小写）：185873.83 元　　（大写）：拾捌万伍仟捌佰柒拾叁元捌角叁分

竣工结算价（小写）：189106.99 元　　（大写）：拾捌万玖仟壹佰零陆元玖角玖分

发包人：××电气工程局　　承包人：××电气安装公司　　造价咨询人：××造价咨询公司

（单位盖章）　　（单位盖章）　　（单位资质专用章）

法定代表人或其授权人：×××　　法定代表人或其授权人：×××　　法定代表人或其授权人：×××

（签字或盖章）　　（签字或盖章）　　（签字或盖章）

编制人：×××　　核对人：×××

（造价人员签字盖专用章）　　（造价工程师签字盖专用章）

编制时间：××年×月×日　　核对时间：××年×月×日

3. 总说明

【填制说明】 竣工结算的总说明内容应包括：

1）工程概况；

2）编制依据；

3）工程变更；

4）工程价款调整；

5）索赔；

6）其他等。

表-01 总 说 明

工程名称：某电气设备安装工程　　　　第1页　共1页

1. 工程概况：（略）。

2. 竣工结算依据。

2.1 承包人报送的竣工结算。

2.2 施工合同、投标文件、招标文件。

2.3 竣工图、发包人确认的实际完成工程量和索赔及现场签证资料。

2.4 省建设主管部门颁发的计价定额和计价管理办法及相关计价文件。

2.5 省工程造价管理机构发布人工费调整文件。

3. 核对情况说明：（略）

4. 结算价分析说明：（略）

4. 竣工结算汇总表

表-05 建设项目竣工结算汇总表

工程名称：某电气设备安装工程　　　　第1页　共1页

序号	单项工程名称	金额（元）	其中：（元）	
			安全文明施工费	规费
1	某电气设备安装工程	189106.99	17067.03	12526.73
	合　计	189106.99	17067.03	12526.73

表-06 单项工程竣工结算汇总表

工程名称：某电气设备安装工程　　　　第1页　共1页

序号	单位工程名称	金额（元）	其中：（元）	
			安全文明施工费	规费
1	某电气设备安装工程	189106.99	17067.03	12526.73
	合　计	189106.99	17067.03	12526.73

表-07 单位工程竣工结算汇总表

工程名称：某电气设备安装工程　　　　　　　　　　　　　　　　　　第1页　共1页

序号	汇总内容	金额（元）
1	分部分项	134960.12
	0304　电气设备安装工程	134960.12
2	措施项目	24580.43
2.1	其中：安全文明施工费	17067.03
3	其他项目	10798.50
3.1	其中：专业工程结算价	2800.00
3.2	其中：计日工	4048.50
3.3	其中：总承包服务费	1240.00
3.4	其中：索赔与现场签证	3000.00
4	规费	12526.73
5	税金	6545.32
竣工结算总价合计=1+2+3+4+5		189106.99

注：如无单位工程划分，单项工程也使用本表汇总。

5. 分部分项工程和单价措施项目清单与计价表

【填制说明】 编制竣工结算时，分部分项工程和单价措施项目清单与计价表中可取消"暂估价"。

表-08 分部分项工程和单价措施项目清单与计价表（一）

工程名称：某电气设备安装工程　　　　标段：　　　　第1页　共5页

序号	项目编码	项目名称	项目特征描述	计量单位	工程量	金额（元）		
						综合单价	合价	其中 暂估价
			0304 电气设备安装工程					
1	030401001001	油浸电力变压器	1. 名称：油浸式电力变压器安装 2. 型号：SL1 3. 容量：1000kV·A 4. 电压：10kV	台	1	8250.00	8250.00	
2	030401001002	油浸电力变压器	1. 名称：油浸式电力变压器安装 2. 型号：SL1 3. 容量：500kV·A 4. 电压：10kV	台	1	3346.23	3346.23	
3	030401002001	干式变压器	干式电力变压器安装	台	2	2200.44	4400.88	
4	030404004001	低压开关柜（屏）	1. 名称：低压配电盘 2. 基础型钢形式、规格：基础槽钢10# 3. 手工除锈 4. 红丹防锈漆两遍	块	11	500.33	5503.63	
5	030404017001	配电箱	1. 名称：总照明配电箱 2. 型号：OAP/XL-21	台	1	3200.00	3200.00	
6	030404017002	配电箱	1. 名称：总照明配电箱 2. 型号：1AL/kV4224/3	台	2	700.88	1401.76	
			本页小计				26102.50	
			合　计				26102.50	

注：为计取规费等的使用，可在表中增设其中："定额人工费"。

表-08　分部分项工程和单价措施项目清单与计价表（二）

工程名称：某电气设备安装工程　　　　标段：　　　　第2页　共5页

序号	项目编码	项目名称	项目特征描述	计量单位	工程量	金额（元）		
						综合单价	合价	其中 暂估价
7	030404017003	配电箱	1. 名称：总照明配电箱 2. 型号：2AL/kV4224/4	台	1	700.00	700.00	
8	030404031001	小电器	1. 名称：板式暗开关 2. 接线形式：单控双联	套	4	8.50	34.00	
9	030404031002	小电器	1. 名称：板式暗开关 2. 接线形式：单控单联	套	7	16.98	118.86	
10	030404031003	小电器	1. 名称：板式暗开关 2. 接线形式：单控三联	套	8	12.22	97.76	
11	030404031004	小电器	1. 名称：声控节能开关 2. 接线形式：单控单联	套	4	7.88	31.52	
12	030404031005	小电器	1. 名称：单相暗插座 2. 规格：15A，5孔	套	33	12.88	425.04	
13	030404031006	小电器	1. 名称：单相暗插座 2. 规格：15A，3孔	套	8	18.21	145.68	
14	030404031007	小电器	1. 名称：三相暗插座 2. 规格：15A，4孔	套	5	36.40	182.00	
15	030404031008	小电器	1. 名称：防爆带表按钮 2. 规格：2A53-2A	台	6	137.59	825.54	
16	030404031009	小电器	防爆按钮	个	22	47.38	1042.36	
17	030404031010	小电器	1. 名称：单相暗插座 2. 规格：20A，5孔	套	33	15.00	495.00	
		本页小计					4097.76	
		合　计					30200.26	

注：为计取规费等的使用，可在表中增设其中："定额人工费"。

表-08　分部分项工程和单价措施项目清单与计价表（三）

工程名称：某电气设备安装工程　　　　标段：　　　　第3页　共5页

序号	项目编码	项目名称	项目特征描述	计量单位	工程量	金额（元）		
						综合单价	合价	其中 暂估价
18	030406005001	普通交流同步电动机	1. 防爆电机检查接线 2. 3kW	台	1	525.00	525.00	
19	030406005002	普通交流同步电动机	1. 防爆电机检查接线 2. 13kW	台	6	830.00	4980.00	
20	030406005003	普通交流同步电动机	1. 防爆电机检查接线 2. 30kW	台	6	1100.42	6602.52	
21	030406005004	普通交流同步电动机	1. 防爆电机检查接线 2. 55kW	台	3	1650.00	4950.00	
22	030408001001	电力电缆	敷设35mm²以内热缩铜芯电力电缆头	km	3.28	7512.00	25540.80	
23	030408001002	电力电缆	敷设120mm²以内热缩铜芯电力电缆头	km	0.34	17600.24	6336.09	
24	030408001003	电力电缆	敷设240mm²以内热缩铜芯电力电缆头	km	0.37	24000.66	8640.24	
25	030408002001	控制电缆	敷设6芯以内控制电缆	km	2.76	3900.56	10921.57	
26	030408002002	控制电缆	敷设14芯以内控制电缆	km	0.21	9002.75	1800.55	
			本页小计				70296.77	
			合　计				100497.03	

注：为计取规费等的使用，可在表中增设其中："定额人工费"。

表-08 分部分项工程和单价措施项目清单与计价表（四）

工程名称：某电气设备安装工程　　　　标段：　　　　第4页 共5页

序号	项目编码	项目名称	项目特征描述	计量单位	工程量	金额（元）		
						综合单价	合价	其中
								暂估价
27	030411001001	配管	1. 名称：钢管配管 2. 规格：DN50	m	7.3	30.00	219.00	
28	030411001002	配管	1. 名称：硬质阻燃管 2. 规格：DN25	m	227.6	7.50	1707.00	
29	030411001003	配管	1. 名称：硬质阻燃管 2. 规格：DN15	m	211.7	5.00	1058.50	
30	030411001004	配管	1. 名称：硬质阻燃管 2. 规格：DN20	m	61.5	6.00	369.00	
31	030411004001	配线	1. 名称：电缆 2. 规格：五芯	m	7.3	165.75	1209.98	
32	030411004002	配线	1. 名称：铜芯线 2. 规格：6mm	m	111.6	2.66	296.86	
33	030411004003	配线	1. 名称：铜芯线 2. 规格：7mm	m	746.5	2.88	2149.92	
34	030411004004	配线	1. 名称：铜芯线 2. 规格：8mm	m	116.4	1.78	207.19	
35	030411004005	配线	1. 名称：铜芯线 2. 规格：9mm	m	476	1.51	718.76	
36	030412001001	普通灯具	单管吸顶灯	套	10	58.57	585.70	
37	030412001002	普通灯具	1. 名称：半圆球吸顶灯 2. 规格：直径300mm	套	15	62.00	930.00	
			本页小计				9451.91	
			合　计				109948.94	

注：为计取规费等的使用，可在表中增设其中：“定额人工费”。

表-08 分部分项工程和单价措施项目清单与计价表（五）

工程名称：某电气设备安装工程　　标段：　　第5页　共5页

序号	项目编码	项目名称	项目特征描述	计量单位	工程量	金额（元）		
						综合单价	合价	其中
								暂估价
38	030412001003	普通灯具	1. 名称：半圆球吸顶灯 2. 规格：直径250mm	套	2	63.88	127.76	
39	030412001004	普通灯具	软线吊灯	套	2	9.00	18.00	
40	030412002001	工厂灯	圆球形工厂灯（吊管）	套	9	18.99	170.91	
41	030412004001	装饰灯	1. 名称：LED装饰灯 2. 规格：10mm×300cm	套	5	100.88	504.40	
42	030412004002	装饰灯	1. 名称：LED装饰灯 2. 规格：10mm×500cm	套	10	50.88	508.80	
43	030412005001	荧光灯	1. 名称：吊链式筒式荧光灯 2. 型号：YG2-1	套	10	46.10	461.00	
44	030412005002	荧光灯	1. 名称：吊链式筒式荧光灯 2. 型号：YG2-2	套	26	55.88	1452.88	
45	030412005003	荧光灯	1. 名称：吊链式荧光灯 2. 型号：YG16-3	套	4	65.43	261.72	
46	030412002001	工厂灯	1. 名称：隔爆型防爆安全灯 2. 安装形式：直杆式安装	套	114	42.66	4863.24	
47	030414011001	接地装置	送配电装置系统接地网	系统	1	714.24	714.24	
48	030414011002	接地装置	接地母线　40mm×4mm	m	700	19.43	13406.70	
49	030414011003	接地装置	接地母线　25mm×4mm	m	220	18.34	3851.40	
			本页小计				25011.18	
			合　计				134960.12	

注：为计取规费等的使用，可在表中增设其中："定额人工费"。

6. 综合单价分析表

【填制说明】 编制工程结算时，应在已标价工程量清单中的综合单价分析表中将确定的调整过的人工单价、材料单价等进行置换，形成调整后的综合单价。

表-09 综合单价分析表（一）

工程名称：某电气设备安装工程　　标段：　　第1页　共2页

项目编码	030404031009		项目名称		小电器		计量单位	套	工程量		22
清单综合单价组成明细											
定额编号	定额项目名称	定额单位	数量	单价（元）				合价（元）			
				人工费	材料费	机械费	管理费和利润	人工费	材料费	机械费	管理费和利润
2-300	防爆按钮	个	1	10.22	16.98	0.42	19.76	10.22	16.98	0.42	19.76
人工单价		小计						10.22	16.98	0.42	19.76
54元/工日		未计价材料费						—			
清单项目综合单价								47.38			

	主要材料名称、规格、型号	单位	数量	单价（元）	合价（元）	暂估单价（元）	暂估合价（元）
材料费明细	铜接线端子 D/T-6mm²	个	2.030	5.20	10.56		
	裸铜线 6mm²	kg	0.020	28.00	0.56		
	防爆按钮	个	1.000	5.86	5.86		
	其他材料费			—		—	
	材料费小计			—	16.98	—	

注：1. 如不使用省级或行业建设主管部门发布的计价依据，可不填定额编号、名称等。

2. 招标文件提供了暂估单价的材料，按暂估的单价填入表内“暂估单价”栏及“暂估合价”栏。

表-09 综合单价分析表（二）

工程名称：某电气设备安装工程　　　　标段：　　　　第2页　共2页

项目编码	030412004001	项目名称	装饰灯	计量单位	个	工程量	5

清单综合单价组成明细											
定额编号	定额项目名称	定额单位	数量	单价（元）				合价（元）			
				人工费	材料费	机械费	管理费和利润	人工费	材料费	机械费	管理费和利润
2-1403	LED装饰灯	个	1	29.98	19.89	—	51.01	29.98	19.89	—	51.01
人工单价		小计						29.98	19.89	—	51.01
54元/工日		未计价材料费						—			
清单项目综合单价								100.88			

	主要材料名称、规格、型号	单位	数量	单价（元）	合价（元）	暂估单价（元）	暂估合价（元）
材料费明细	成套灯具	套	1.01	14.91	15.06		
	塑料绝缘 BV-105℃-2.5mm²	m	0.610	1.08	0.66		
	花线 2×23/0.15	m	0.519	2.01	1.04		
	铜接线端子 20A	个	0.102	0.31	0.03		
	圆木台 150～250	块	0.105	9.13	0.96		
	圆钢 φ5.5～φ9	kg	0.208	2.86	0.59		
	瓷接头（双）	个	0.154	0.46	0.07		
	精制六角带帽螺栓　带垫 M10×80～130	套	0.306	0.75	0.23		
	膨胀螺栓 M12	套	0.183	2.08	0.38		
	冲击钻头 φ12	只	0.050	5.43	0.27		
	其他材料费			—	0.60	—	
	材料费小计			—	19.89	—	

注：1. 如不使用省级或行业建设主管部门发布的计价依据，可不填定额编号、名称等。

2. 招标文件提供了暂估单价的材料，按暂估的单价填入表内“暂估单价”栏及“暂估合价”栏。

（其他分部分项工程综合单价分析表略）

7. 综合单价调整表

【填制说明】 综合单价调整表用于由于各种合同约定调整因素出现时调整综合单价，此表实际上是一个汇总性质的表，各种调整依据应附表后，并且注意，项目编码、项目名称必须与已标价工程量清单保持一致，不得发生错漏，以免发生争议。

表-10 综合单价调整表

工程名称：某电气设备安装工程 标段： 第1页 共1页

序号	项目编码	项目名称	已标价清单综合单价（元）					调整后综合单价（元）				
			综合单价	其中				综合单价	其中			
				人工费	材料费	机械费	管理费和利润		人工费	材料费	机械费	管理费和利润
1	011406001001	抹灰面油漆	47.38	10.22	17.02	0.42	19.76	43.08	10.22	16.98	0.42	19.76
2	（其他略）											
3												
造价工程师（签章）： 发包人代表（签章）： 日期：							造价人员（签章）： 发包人代表（签章）： 日期：					

注：综合单价调整应附调整依据。

8. 总价措施项目清单与计价表

【填制说明】 编制工程结算时，如省级或行业建设主管部门调整了安全文明施工费，应按调整后的标准计算此费用，其他总价措施项目经发承包双方协商进行了调整的，按调整后的标准计算。

表-11 总价措施项目清单与计价表

工程名称：某电气设备安装工程　　　　标段：　　　　第1页　共1页

序号	项目编码	项目名称	计算基础	费率（%）	金额（元）	调整费率（%）	调整后金额（元）	备注
1	031302001001	安全文明施工费	人工费	25	17067.03			
2	011705001001	大型机械设备进出场安拆			2100.00			
3	031302004001	二次搬运费	人工费	2	1365.36			
4	031302002001	夜间施工费	人工费	3	2048.04			
5	031301018001	接地装置调试费			2000.00			
合　计					24580.43			

编制人（造价人员）：　　　　复核人（造价工程师）：

注：1. “计算基础”中安全文明施工费可为“定额基价”、“定额人工费”或“定额人工费＋定额机械费”，其他项目可为“定额人工费”或“定额人工费＋定额机械费”。

2. 按施工方案计算的措施费，若无“计算基础”和“费率”的数值，也可只填“金额”数值，但应在备注栏说明施工方案出处或计算方法。

9. 其他项目清单与计价汇总表

【填制说明】 编制或核对工程结算，“专业工程暂估价”按实际分包结算价填写，“计日工”、“总承包服务费”按双方认可的费用填写，如发生“索赔”或“现场签证”费用，按双方认可的金额计入该表。

表-12 其他项目清单与计价汇总表

工程名称：某电气设备安装工程　　标段：　　第1页 共1页

序号	项目名称	金额（元）	结算金额（元）	备注
1	暂列金额		—	
2	暂估价	—	2800.00	
2.1	材料（工程设备）暂估价	—	—	
2.2	专业工程结算价	3000.00	2800.00	明细详见表-12-3
3	计日工	3168.50	4048.50	明细详见表-12-4
4	总承包服务费	950.00	1240.00	明细详见表-12-5
5	索赔与现场签证	—	3000.00	明细详见表-12-6
合计			10798.50	—

注：材料（工程设备）暂估单价进入清单项目综合单价，此处不汇总。

(1) 材料（工程设备）暂估单价及调整表

表-12-2　材料（工程设备）暂估单价及调整表

工程名称：某电气设备安装工程　　　　标段：　　　　第1页　共1页

序号	材料（工程设备）名称、规格、型号	计量单位	数量		暂估（元）		确认（元）		差额±（元）		备注
			暂估	确认	单价	合价	单价	合价	单价	合价	
1	SL1-1000kV·A/10kV 油浸式电力变压器	台	1	1	5000	5000	5200	5200	200	200	
2	（其他略）										
合　计						5000		5200		200	

注：此表由招标人填写“暂估单价”，并在备注栏说明暂估价的材料、工程设备拟用在哪些清单项目上，投标人应将上述材料，工程设备暂估单价计入工程量清单综合单价报价中。

（2）专业工程结算价表

表-12-3 专业工程结算价表

工程名称：某电气设备安装工程　　标段：　　第1页 共1页

序号	工程名称	工程内容	暂估金额（元）	结算金额（元）	差额±（元）	备注
1	消防工程	合同图纸中标明的以及消防工程规范和技术说明中规定的各系统中的设备等的供应、安装和调试工作	3000.00	2800.00	－200	
		合　计	3000.00	2800.00	－200	

注：此表“暂估金额”由招标人填写，投标人应将“暂估金额”计入投标总价中，结算时按合同约定结算金额填写。

(3) 计日工表

表-12-4　计日工表

工程名称：某电气设备安装工程　　　　　标段：　　　　　　　　　第1页　共1页

编号	项目名称	单位	暂定数量	实际数量	综合单价（元）	合价（元）	
						暂定	实际
一	人工						
1	高级技术工人	工时	12		160.00		1920.00
2	技术工人	工时	13		130.00		1690.00
人工小计							3610.00
二	材料						
1	电焊条结422	kg	4.00		5.00		20.00
2	型材	kg	13.00		4.40		58.50
材料小计							78.50
三	施工机械						
1	直流电焊机20kW	台班	5		40.00		200.00
2	交流电焊机1kV·A	台班	4		40.00		160.00
施工机械小计							
四、企业管理费和利润							360.00
合　计							4048.50

注：此表项目名称、暂定数量由招标人填写，编制招标控制价时，单价由招标人按有关计价规定确定；投标时，单价由投标人自主报价，按暂定数量计算合价计入投标总价中。结算时，按承包双方确认的实际数量计算。

（4）总承包服务费计价表

表-12-5 总承包服务费计价表

工程名称：某电气设备安装工程　　标段：　　第1页 共1页

序号	项目名称	项目价值（元）	服务内容	计算基础	费率（%）	金额（元）
1	发包人发包专业工程	10000	1. 按专业工程承包人的要求提供施工工作面并对施工现场进行统一整理汇总 2. 为专业工程承包人提供垂直运输机械和焊接电源接入点，并承担垂直运输费和电费	项目价值	7	700.00
2	发包人供应材料	45000	对发包人供应的材料进行验收及保管和使用发放	项目价值	1.2	540.00
	合　计	—	—		—	1240.00

注：此表项目名称、服务内容有招标人填写，编制招标控制价时，费率及金额由招标人按有关计价规定确定；投标时，费率及金额由投标人自主报价，计入投标总价中。

(5) 索赔与现场签证计价汇总表

【填制说明】 索赔与现场签证计价汇总表是对发承包双方签证认可的“费用索赔申请（核准）表”和“现场签证表”的汇总。

表-12-6 索赔与现场签证计价汇总表

工程名称：某电气设备安装工程　　　　标段：　　　　第1页　共1页

序号	签证及索赔项目名称	计量单位	数量	单价（元）	合价（元）	索赔及签证依据
1	暂停施工				1500.00	001
2	现场签证	台	1	1500.00	1500.00	002
	合　计				3000.00	—

注：签证及索赔依据是指经双方认可的签证单和索赔依据的编号。

(6) 费用索赔申请（核准）表

【填制说明】 费用索赔申请（核准）表将费用索赔申请与核准设置于一个表，非常直观。使用本表时，承包人代表应按合同条款的约定阐述原因，附上索赔证据、费用计算报发包人，经监理工程师复核（按照发包人的授权不论是监理工程师或发包人现场代表均可），经造价工程师（此处造价工程师可以是承包人现场管理人员，也可以是发包人委托的工程造价咨询企业的人员）复核具体费用，经发包人审核后生效，该表以在选择栏中“□”内作标识“√”表示。

表-12-7 费用索赔申请（核准）表

工程名称：某电气设备安装工程　　　　标段：　　　　编号：001

致：某电气设备安装建设办公室

根据施工合同条款第12条的约定，由于你方工作需要的原因，我方要求索赔金额（大写）壹仟伍佰元（小写1500.00元），请予核准。

附：1. 费用索赔的详细理由和依据：根据发包人“关于暂停施工的通知”（详见附件1）。

2. 索赔金额的计算：（详见附件2）。

3. 证明材料：监理工程师确认的现场工人、机械、周转材料数量及租赁合同（略）。

承　包　人（章）：（略）
承包人代表：×××
日　　　期：××年×月×日

复核意见：

根据施工合同条款第12条的约定，你方提出的费用索赔申请经复核：

☐不同意此项索赔，具体意见见附件。

☑同意此项索赔，索赔金额的计算，由造价工程师复核。

监理工程师：×××
日　　　期：××年×月×日

复核意见：

根据施工合同条款第12条的约定，你方提出的费用索赔申请经复核，索赔金额为（大写）壹仟伍佰元（小写1500.00元）。

监理工程师：×××
日　　　期：××年×月×日

审核意见：

☐不同意此项索赔。

☑同意此项索赔，与本期进度款同期支付。

发　包　人（章）（略）
发包人代表：×××
日　　　期：××年×月×日

注：1. 在选择栏中的“☐”内作标识“√”。

2. 本表一式四份，由承包人填报，发包人、监理人、造价咨询人、承包人各存一份。

附件 1

关于暂停施工的通知

××建筑公司××项目部：

因场外道路检修需停电 2 天，请做好相应的准备措施。

特此通知。

××电气工程局（章）

×××年××月××日

附件 2

费用索赔计算表

编号：第×××号

一、人工费

1. 普工 20 人：20 人×10 元/工日×2＝400 元

2. 技工 15 人：15×20 元/工日×2＝600 元

二、管理费

各种机械闲置 2 天（台数及具体费用计算略）500 元。

索赔费用合计：1500.00 元

(7) 现场签证表

【填制说明】 现场签证种类繁多，发承包双方在工程实施过程中来往信函就责任事件的证明均可称为现场签证，但并不是所有的签证均可马上算出价款，有的需要经过索赔程序，这时的签证仅是索赔的依据，有的签证可能根本不涉及价款。本表仅是针对现场签证需要价款结算支付的一种，其他内容的签证也可适用。考虑到招标时招标人对计日工项目的预估难免会有遗漏，造成实际施工发生后．无相应的计日工单价，现场签证只能包括单价一并处理，因此，在汇总时，有计日工单价的，可归并于计日工，如无计日工单价的，归并于现场签证，以示区别。当然，现场签证全部汇总于计日工也是一种可行的处理方式。

3. 总说明

【填制说明】 竣工结算的总说明内容应包括：

1）工程概况；

2）编制依据；

3）工程变更；

4）工程价款调整；

5）索赔；

6）其他等。

表-01 总 说 明

工程名称：某电气设备安装工程　　　　第1页　共1页

1. 工程概况：（略）。
2. 竣工结算依据。
2.1 承包人报送的竣工结算。
2.2 施工合同、投标文件、招标文件。
2.3 竣工图、发包人确认的实际完成工程量和索赔及现场签证资料。
2.4 省建设主管部门颁发的计价定额和计价管理办法及相关计价文件。
2.5 省工程造价管理机构发布人工费调整文件。
3. 核对情况说明：（略）
4. 结算价分析说明：（略）

4. 竣工结算汇总表

表-05 建设项目竣工结算汇总表

工程名称：某电气设备安装工程 第1页 共1页

序号	单项工程名称	金额（元）	其中：（元）	
			安全文明施工费	规费
1	某电气设备安装工程	189106.99	17067.03	12526.73
	合 计	189106.99	17067.03	12526.73

表-06 单项工程竣工结算汇总表

工程名称：某电气设备安装工程 第1页 共1页

序号	单位工程名称	金额（元）	其中：（元）	
			安全文明施工费	规费
1	某电气设备安装工程	189106.99	17067.03	12526.73
	合 计	189106.99	17067.03	12526.73

表-07 单位工程竣工结算汇总表

工程名称：某电气设备安装工程　　　　第1页　共1页

序号	汇总内容	金额（元）
1	分部分项	134960.12
	0304 电气设备安装工程	134960.12
2	措施项目	24580.43
2.1	其中：安全文明施工费	17067.03
3	其他项目	10798.50
3.1	其中：专业工程结算价	2800.00
3.2	其中：计日工	4048.50
3.3	其中：总承包服务费	1240.00
3.4	其中：索赔与现场签证	3000.00
4	规费	12526.73
5	税金	6545.32
竣工结算总价合计＝1＋2＋3＋4＋5		189106.99

注：如无单位工程划分，单项工程也使用本表汇总。

5. 分部分项工程和单价措施项目清单与计价表

【填制说明】 编制竣工结算时，分部分项工程和单价措施项目清单与计价表中可取消“暂估价”。

表-08 分部分项工程和单价措施项目清单与计价表（一）

工程名称：某电气设备安装工程　　标段：　　第1页　共5页

序号	项目编码	项目名称	项目特征描述	计量单位	工程量	金额（元）		
						综合单价	合价	其中 暂估价
			0304 电气设备安装工程					
1	030401001001	油浸电力变压器	1. 名称：油浸式电力变压器安装 2. 型号：SL1 3. 容量：1000kV·A 4. 电压：10kV	台	1	8250.00	8250.00	
2	030401001002	油浸电力变压器	1. 名称：油浸式电力变压器安装 2. 型号：SL1 3. 容量：500kV·A 4. 电压：10kV	台	1	3346.23	3346.23	
3	030401002001	干式变压器	干式电力变压器安装	台	2	2200.44	4400.88	
4	030404004001	低压开关柜（屏）	1. 名称：低压配电盘 2. 基础型钢形式、规格：基础槽钢10# 3. 手工除锈 4. 红丹防锈漆两遍	块	11	500.33	5503.63	
5	030404017001	配电箱	1. 名称：总照明配电箱 2. 型号：OAP/XL-21	台	1	3200.00	3200.00	
6	030404017002	配电箱	1. 名称：总照明配电箱 2. 型号：1AL/kV4224/3	台	2	700.88	1401.76	
			本页小计				26102.50	
			合　计				26102.50	

注：为计取规费等的使用，可在表中增设其中：“定额人工费”。

表-12-8 现场签证表

工程名称：某电气设备安装工程　　　　标段：　　　　　　　　　　编号：002

<table>
<tr><td>施工单位</td><td>指定位置</td><td>日期</td><td>××年×月×日</td></tr>
<tr><td colspan="4">致：某电气设备安装建设办公室
根据×××（指令人姓名）××年××月××日的口头指令，我方要求完成此项工作应支付价款金额为（大写）壹仟伍佰元（小写1500.00），请予核准。
附：1. 签证事由及原因：增加了一台高压成套配电柜。
2. 附图及计算式：（略）
承包人（章）：（略）
承包人代表：×××
日　　期：××年×月×日</td></tr>
<tr><td colspan="2">复核意见：
你方提出的此项签证申请经复核：
□不同意此项签证，具体意见见附件。
☑同意此项签证，签证金额的计算，由造价工程师复核。
监理工程师：×××
日　　期：××年×月×日</td><td colspan="2">复核意见：
☑此项签证按承包人中标的计日工单价计算，金额为（大写）壹仟伍佰元，（小写）1500.00元。
□此项签证因无计日工单价，金额为（大写）____元，（小写）____元。
造价工程师：×××
日　　期：××年×月×日</td></tr>
<tr><td colspan="4">审核意见：
□不同意此项签证。
☑同意此项签证，价款与本期进度款同期支付。
承　包　人（章）（略）
承包人代表：×××
日　　期：××年×月×日</td></tr>
</table>

注：1. 在选择栏中的“□”内作标识“√”。

2. 本表一式四份，由承包人在收到发包人（监理人）的口头或书面通知后填写，发包人、监理人、造价咨询人、承包人各存一份。

10. 规费、税金项目计价表

表-13 规费、税金项目计价表

工程名称：某电气设备安装工程　　　标段：　　　第1页　共1页

序号	项目名称	计算基础	计算基数	计算费率（%）	金额（元）
1	规费				12526.73
1.1	社会保险费		(1)＋(2)＋(3)＋(4)		8192.17
(1)	养老保险费	定额人工费		3.5	2389.38
(2)	失业保险费	定额人工费		2	1365.36
(3)	医疗保险费	定额人工费		6	4096.09
(4)	工伤保险费	定额人工费		0.5	341.34
1.2	住房公积金	定额人工费		6	4096.09
1.3	工程定额测定费	税前工程造价		0.14	238.47
2	税金	分部分项工程费＋措施项目费＋其他项目费＋规费－按规定不计税的工程设备金额		3.413	6241.21
合计					18563.56

编制人（造价人员）：　　　　复核人（造价工程师）：

11. 工程计量申请（核准）表

【填制说明】 工程计量申请（核准）表填写的"项目编码"、"项目名称"、"计量单位"应与已标价工程量清单表中的一致，承包人应在合同约定的计量周期结束时，将申报数量填写在申报数量栏，发包人核对后如与承包人不一致，填在核实数量栏，经发承包双方共同核对确认的计量填在确认数量栏。

表-14 工程计量申请（核准）表

工程名称：某电气设备安装工程　　标段：　　第1页 共1页

序号	项目编码	项目名称	计量单位	承包人申报数量	发包人核实数量	发承包人确认数量	备注
1	030401001001	油浸电力变压器	台	1	1	1	
2	030401001002	油浸电力变压器	台	1	1	1	
3	030401002001	干式变压器	台	2	2	2	
4	030404004001	低压开关柜（屏）	块	11	11	11	
5	030404017001	配电箱	台	1	1	1	
6	030404017002	配电箱	台	2	2	2	
	（其他略）						

承包人代表：	监理工程师：	造价工程师：	发包人代表：
×××	×××	×××	×××
日期：××年×月×日	日期：××年×月×日	日期：××年×月×日	日期：××年×月×日

12. 预付款支付申请（核准）表

表-15 预付款支付申请（核准）表

工程名称：某电气设备安装工程　　标段：　　第1页　共1页

致：某电气设备安装建设办公室

我方根据施工合同的约定，先申请支付工程预付款额为（大写）贰万捌仟柒佰肆拾玖元（小写28749.00元），请予核准。

序号	名称	申请金额（元）	复核金额（元）	备注
1	已签约合同价款金额	185873.83	185873.83	
2	其中：安全文明施工费	16937.27	16937.27	
3	应支付的预付款	18587.00	18587.00	
4	应支付的安全文明施工费	10162.00	10162.00	
5	合计应支付的预付款	28749.00	28749.00	

计算依据见附件（略）

承包人（章）

造价人员：×××　　承包人代表：×××　　日　　期：××年×月×日

复核意见：

□与合同约定不相符，修改意见见附件。

☑与合约约定相符，具体金额由造价工程师复核。

监理工程师：×××

日　　期：××年×月×日

复核意见：

你方提出的支付申请经复核，应支付预付款金额为（大写）贰万捌仟柒佰肆拾玖元（小写28749.00元）。

造价工程师：×××

日　　期：××年×月×日

审核意见：

□不同意。

☑同意，支付时间为本表签发后的15d内。

发包人（章）

发包人代表：×××

日　　期：××年×月×日

注：1. 在选择栏中的“□”内作标识“√”。

2. 本表一式四份，由承包人填报，发包人、监理人、造价咨询人、承包人各存一份。

13. 总价项目进度款支付分解表

表-16 总价项目进度款支付分解表

工程名称：某电气设备安装工程　　　　标段：　　　　第1页 共1页

序号	项目名称	总价金额	首次支付	二次支付	三次支付	四次支付	五次支付	
1	安全文明施工费	17067.03	5120.10	5120.10	3413.41	3413.42		
2	夜间施工增加费	2048.04	409.60	409.60	409.60	409.60	409.64	
3	二次搬运费	1365.36	273.07	273.07	273.07	273.07	273.08	
	（略）							
	社会保险费	8192.17	1638.43	1638.43	1638.43	1638.43	1638.45	
	住房公积金	4096.09	819.21	819.21	819.21	819.21	819.25	
合计								

编制人（造价人员）：　　　　复核人（造价工程师）：

注：1. 本表应由承包人在投标报价时根据发包人在招标文件明确的进度款支付周期与报价填写，签订合同时，发承包双方可就支付分解协商调整后作为合同附件。

2. 单价合同使用本表，“支付”栏时间应与单价项目进度款支付周期相同。

3. 总价合同使用本表，“支付”栏时间应与约定的工程计量周期相同。

14. 进度款支付申请（核准）表

表-17 进度款支付申请（核准）表

工程名称：某电气设备安装工程　　　　标段：　　　　　　　　编号：

致：××市房地产开发公司

我方于××至××期间已完成了墙、柱面工作，根据施工合同的约定，现申请支付本期的工程款额为（大写）伍万元（小写50000.00元），请予核准。

序号	名称	申请金额（元）	复核金额（元）	备注
1	累计已完成的工程价款	85000.00	85000.00	
2	累计已实际支付的工程价款	35000.00	35000.00	
3	本周期已完成的工程价款	50000.00	50000.00	
4	本周期完成的计日工金额			
5	本周期应增加和扣减的变更金额			
6	本周期应增加和扣减的索赔金额			
7	本周期应抵扣的预付款			
8	本周期应扣减的质保金			
9	本周期应增加或扣减的其他金额			
10	本周期实际应支付的工程价款	50000.00	50000.00	

附：上述3、4详见附件清单略。

承包人（章）

造价人员：×××　　　承包人代表：×××　　　日　期：××年×月×日

复核意见：

□与实际施工情况不相符，修改意见见附件。

☑与实际施工情况相符，具体金额由造价工程师复核。

监理工程师：×××

日　期：××年×月×日

复核意见：

你方提供的支付申请经复核，本期间已完成工程款额为（大写）伍万元（小写50000.00元），本期间应支付金额为（大写）伍万元（小写50000.00元）。

造价工程师：×××

日　期：××年×月×日

审核意见：

□不同意。

☑同意，支付时间为本表签发后的15天内。

发包人（章）

发包人代表：×××

日　期：××年×月×日

注：1. 在选择栏中的“□”内作标识“√”。

2. 本表一式四份，由承包人填报，发包人、监理人、造价咨询人、承包人各存一份。

15. 竣工结算款支付申请（核准）表

表-18 竣工结算款支付申请（核准）表

工程名称：某电气设备安装工程　　标段：　　编号：

致：××市房地产开发公司

我方于××至××期间已完成合同约定的工作，工程已经完工，根据施工合同的约定，现申请支付竣工结算合同款额为（大写）拾捌万玖仟壹佰零陆元玖角玖分（小写189106.99元），请予核准。

序号	名称	申请金额（元）	复核金额（元）	备注
1	竣工结算合同价款总额	189106.99	189106.99	
2	累计已实际支付的合同价款	158954.00	158954.00	
3	应预留的质量保证金	9455.35	9455.35	
4	应支付的竣工结算款金额	20697.64	20697.64	

承包人（章）

造价人员：×××　　承包人代表：×××　　日　期：××年×月×日

复核意见：

□与实际施工情况不相符，修改意见见附件。

☑与实际施工情况相符，具体金额由造价工程师复核。

监理工程师：×××

日　期：××年×月×日

复核意见：

你方提出的竣工结算款支付申请经复核，竣工结算款总额为（大写）拾捌万玖仟壹佰零陆元玖角玖分（小写189106.99元），扣除前期支付以及质量保证金后应支付金额为（大写）贰万零陆佰玖拾柒元陆角肆分（小写20697.64元）。

造价工程师：×××

日　期：××年×月×日

审核意见：

□不同意。

☑同意，支付时间为本表签发后的15d内。

发包人（章）

发包人代表：×××

日　期：××年×月×日

注：1. 在选择栏中的“□”内作标识“√”。

2. 本表一式四份，由承包人填报，发包人、监理人、造价咨询人、承包人各存一份。

16. 最终结清支付申请（核准）表

表-19 最终结清支付申请（核准）表

工程名称：某电气设备安装工程　　　　标段：　　　　编号：

致：××市房地产开发公司

我方于××至××期间已完成了缺陷修复工作，根据施工合同的约定，现申请支付最终结清合同款额为（大写）壹万零陆佰贰拾柒元五角（小写10627.50元），请予核准。

序号	名称	申请金额（元）	复核金额（元）	备注
1	已预留的质量保证金	9455.35	9455.35	
2	应增加因发包人原因造成缺陷的修复金额	0	0	
3	应扣减承包人不修复缺陷、发包人组织修复的金额	0	0	
4	最终应支付的合同价款	9455.35	9455.35	

承包人（章）

造价人员：×××　　承包人代表：×××　　日　期：××年×月×日

复核意见：

□与实际施工情况不相符，修改意见见附件（略）。

☑与实际施工情况相符，具体金额由造价工程师复核。

监理工程师：×××
日　期：××年×月×日

复核意见：

你方提出的支付申请经复核，最终应支付金额为（大写）玖仟肆佰伍拾伍元叁角伍分（小写9455.35元）。

造价工程师：×××
日　期：××年×月×日

审核意见：

□不同意。

☑同意，支付时间为本表签发后的15d内。

发包人（章）
发包人代表：×××
日　期：××年×月×日

注：1. 在选择栏中的“□”内作标识“√”。

2. 本表一式四份，由承包人填报，发包人、监理人、造价咨询人、承包人各存一份。

17. 主要材料和工程设备一览表

（1）发承包双方确认的发包人提供材料和工程设备一览表

表-20 发包人提供材料和工程设备一览表

工程名称：某电气设备安装工程 标段： 第1页 共1页

序号	材料（工程设备）名称、规格、型号	单位	数量	单价（元）	交货方式	送达地点	备注
1	槽钢	kg	1000	3.10		工地仓库	
2	成套配电箱（落地式）	台	1	7600.00		工地仓库	
3	钢筋（规格见施工图）	t	2	4000.00		工地仓库	
	（其他略）						

注：此表由招标人填写，供投标人在投标报价、确定总承包服务费时参考。

（2）发承包双方确认的承包人提供主要材料和工程设备一览表（适用于造价信息差额调整法）

表-21 承包人提供主要材料和工程设备一览表

（适用于造价信息差额调整法）

工程名称：某电气设备安装工程 标段： 第1页 共1页

序号	名称、规格、型号	单位	数量	风险系数（%）	基准单价（元）	投标单价（元）	发承包人确认单价（元）	备注
1	槽钢	kg	1000	≤5	3.10	3.00	3.00	
2	成套配电箱（落地式）	台	1	≤5	7600.00	7500.00	7500.00	
	（其他略）							

注：1. 此表由招标人填写除“投标单价”栏的内容，投标人在投标时自主确定投标单价。

2. 投标人应优先采用工程造价管理机构发布的单价作为基准单价，未发布的，通过市场调查确定其基准单价。

(3) 发承包双方确认的承包人提供主要材料和工程设备一览表（适用于价格指数差额调整法）

表-22　承包人提供主要材料和工程设备一览表

（适用于价格指数差额调整法）

工程名称：某电气设备安装工程　　标段：　　第1页　共1页

序号	名称、规格、型号	变值权重 B	基本价格指数 F_0	现行价格指数 F_t	备注
1	人工	0.18	110%	120%	
2	槽钢	0.11	3100元/t	3000元/t	
3	机械费	0.08	100%	100%	
4	（其他略）				
	定值权重 A	0.21	—	—	
合　计		1	—	—	

注：1. “名称、规格、型号”、“基本价格指数”栏由招标人填写，基本价格指数应首先采用工程造价管理机构发布的价格指数，没有时，可采用发布的价格代替。如人工、机械费也采用本法调整由招标人在“名称”栏填写。

2. “变值权重”栏由投标人根据该项人工、机械费和材料、工程设备值在投标总报价中所占的比例填写，1减去其比例为定值权重。

3. “现行价格指数”按约定的付款证书相关周期最后一天的前42天的各项价格指数填写，该指数应首先采用工程造价管理机构发布的价格指数，没有时，可采用发布的价格代替。

4.5 电气工程工程造价鉴定编制实例

现以某电气设备安装工程为例介绍电气工程的工程造价鉴定编制。

1. 封面

【填制说明】 工程造价鉴定意见书封面应填写鉴定工程的具体名称，填写意见书文号，工程造价咨询人盖单位公章。

封-5 工程造价鉴定意见书封面

<u>某电气设备安装</u> 工程

编号：×××［20××］××号

工 程 造 价 鉴 定 意 见 书

造价咨询人：<u>××工程造价咨询公司</u>

（单位盖章）

××年×月×日

2. 扉页

【填制说明】 工程造价咨询人应盖单位资质专用章，法定代表人或其授权人签字或盖章，造价工程师签字盖执业专用章。

扉-5　工程造价鉴定意见书扉页

某电气设备安装　工程

工 程 造 价 鉴 定 意 见 书

鉴定结论：

造价咨询人：××工程造价咨询公司
（盖单位章及资质专用章）

法定代表人：×××
（签字或盖章）

造价工程师：×××
（签字盖专用章）

××年×月×日

3. 工程造价鉴定说明

表-01 工程造价鉴定说明

<u>某电气设备安装</u> 工程

工程造价鉴定意见书说明

一、基本情况

委托人：××市人民法院（详见附件）

委托鉴定事项：对原告××公司与被告××公司电气设备安装工程施工合同纠纷一案中的××建设工程造价进行司法鉴定。

受理时间：20××年×月×日

鉴定材料：本次鉴定的材料由××市人民法院提供，具体情况详见交接清单。

鉴定日期：20××年×月×日至20××年×月×日

二、案情摘要

原、被告双方在××建设工程施工过程中发生纠纷，原告要求被告返还工程款，被告反述要求原告支付工程款。

三、鉴定过程

本次鉴定严格按照司法鉴定工作规定的程序和方法进行，按鉴定委托要求，确定鉴定人员，制订鉴定工作计划，主要工作流程如下：

20××年×月×日，收到××市人民法院鉴定委托书和鉴定资料。

20××年×月×日，我们针对已收到的鉴定资料，列出详细清单，并就需要补充的资料等，函告××市人民法院。

20××年×月×日、×月×日、×月×日及×月×日，我们先后四次在××市人民法院接收原被告双方送来的补充资料。通过对这几次资料的核查，发现部分工程资料仍然不完整。原被告双方同意按现有资料进行鉴定。

20××年×月×日，同承办法官及原被告双方一同踏勘现场。

20××年×月×日，承办法官提交合同及协议质证笔录。

我们在收到上述资料后，对送检资料进行了详细的阅读与理解，充分了解项目情况后，在现有资料和条件的基础上，经过仔细核对、分析、计算形成了《关于某电气设备安装工程工程造价鉴定意见书（初稿）》（以下简称《初稿》），并于20××年×月×日提交法院送原被告双方征求意见。

原被告双方针对《初稿》提出了不同的意见。×月×日及×月×日，我们两次组织原被告双方对《初稿》意见进行复核。×月×日，原被告双方在法院针对鉴定依据的争议进行协商，并对争议的处理方法达成一致，形成了《会议纪要》。×月×日，我们最后一次收到法院移交的桩基资料。结合原被告双方的意见及相关资料，最终形成本次鉴定意见。

四、鉴定依据

1. ××市人民法院鉴定委托书；
2. 某电气设备安装工程《建设工程施工合同》及《补充协议》；
3. 原被告双方提供的竣工图、设计变更通知、技术核定及签证认价单等；

4. ××市人民法院质证笔录；

5. 法院组织的现场勘测记录；

6. 国家、省、市颁布的与工程造价司法鉴定有关的法律、法规、标准、规范及规定；

7. 2000 年《全国统一安装工程预算定额》及相关配套文件；

8. 其他相关资料。

五、鉴定原则

本次鉴定中，遵循客观、公正、独立的原则，坚持实事求是，严格按照国家的相关法律、法规执行，维护双方的合法权益。

六、鉴定方法

本鉴定根据原被告双方签订的《建设工程施工程合同》约定。

1. 工程内容依据竣工图、设计变更通知、技术核定单、签证及现场踏勘记录确定；

2. 材料价格以双方签字认可的报价单为准；

3. 工程相关费用根据《××市人民法院质证笔录》，按照××省规定的取费标准执行。

七、鉴定意见

根据现有送鉴资料，某电气设备安装工程造价为 189106.99 元，大写：拾捌万玖仟壹佰零陆元玖角玖分（详见附件）

八、对鉴定意见的说明

1. 本次鉴定系根据委托鉴定相关资料进行的，该资料的真实性、合法性和完整性由提供单位负责。本次鉴定提交后，如发现送鉴资料有误，导致了鉴定结果误差，应调整相关金额。

2. 本鉴定意见为为本次委托所做，非法律允许，不得作其他用途。

附件：

1.《××人民法院鉴定委托书》

2. ××建设工程造价鉴定书

3. 送鉴资料交接清单

4.《施工现场勘查记录》、现场照片

5. 会议纪要或记录

6. 设计变更通知

7. 现场签证单

8. 图纸会审纪要

9. 通知、报告、报价单等

10. 致原被告双方函件

本案例中电气工程的工程造价鉴定编制内容如表-05～表-22 的表格详见“4.4 电气工程竣工结算编制实例”。

参 考 文 献

[1] 中华人民共和国住房和城乡建设部. 建设工程工程量清单计价规范 GB 50500—2013 [S]. 北京：中国计划出版社，2013.

[2] 中华人民共和国住房和城乡建设部. 通用安装工程工程量计算规范 GB 50856—2013 [S]. 北京：中国计划出版社，2013.

[3] 中华人民共和国建设部. 全国统一安装工程预算定额 GYD—202—2000 [S]. 北京：中国计划出版社，2001.

[4] 中华人民共和国住房和城乡建设部. 建设工程计价计量规范辅导 [M]. 北京：中国计划出版社，2013.

[5] 马占敖. 建筑电气工程造价原理及实践 [M]. 北京：机械工业出版社，2010.

[6] 郑发泰. 建筑电气工程预算 [M]. 北京：中国建筑工业出版社，2005.

[7] 韩永学，杨玉红，孙景翠. 建筑电气工程预算技能训练 [M]. 北京：电子工业出版社，2010.

[8] 陈慈萱. 电气工程基础（第二版）[M]. 北京：中国电力出版社，2012.

[9] 岳井峰. 建筑电气安装工程预算入门与实例详解 [M]. 北京：中国电力出版社，2011.

[10] 马志溪. 电气工程设计 [M]. 北京：机械工业出版社，2012.